JN312880

ビギナーに役立つ

統計学の
ワンポイント
レッスン

丸山健夫 著

日科技連

はじめに

　大学で統計学の講義を担当して、約20年になります。学生諸君は、実際のデータ処理をパソコンの統計ソフトでやっています。そこで、実用的な統計処理を講義で練習するよりは、いったいパソコンの中で、何が行われているのかを理解することのほうが大切だと心から思っています。

　パソコンが、「平均」とか「標準偏差」などの専門用語で、画面に数字をたくさん表示してくれます。そこで学生諸君は、言葉だけはどこかで聞いて知っている場合があります。「分散は大きくなかったよ！」などと、カッコよく使ったりします。

　でも、その言葉の本当の意味を、きちんと理解している学生は少ないようです。「分散をひとことで言うと、どうなりますか？」「自由度っていったい何なんでしょう？」「なぜ1を引くのですか？」と言った質問が大学院生からも出てきます。

　そこで、パソコンの中でやっていることを、身近な言葉で説明したらどうなるのか、20年間のノウハウを詰め込んだのがこの本です。

　英語の統計学の本を読んでいると、エイ（A）とかエックス（X）、エヌ（N）などという文字が、いっぱい出てきます。でもよく考えてみると、複雑な数式でも英語を母国語とする人たちにとっては、自分の国の文字なわけです。私たちとは違って、親しみを持って接することができるでしょう。この本では、アルファベットの数式をできるだけ使わずに、日本語で説明するように努力しました。考え方の根本的な意味をつかむためです。

　専門用語よりも、考え方や意味の理解を優先させましたので、同業の諸先生方からお叱りを受けるかもしれません。たとえば、「数値」とすべきところを「数字」と言ったり、専門用語できちんと書くべきところを、ずいぶんと、くだけた言葉に言い換えたりしています。

　また、統計の具体的な計算で、何をやっているのかがよくわかるよう

に、例題でのデータの数を極端に少なくしています。ですから、「本当はもっとデータの数が多くないと、いけないんじゃないの？」というご指摘もあるかもしれません。

　ここでも、計算のプロセスを理解することに重点をおきました。やり方さえわかれば、あとはデータの数が多いだけです。そして何より、実際の計算は、パソコンがやってくれるのです。データの数が多い実用的な例を、手で練習するよりも、少ないデータでやり方を理解しようという方針です。

　しかし努力のかいなく、ビギナーの方には、まだまだ難しいキーワードもあるかもしれません。「中心極限定理（ちゅうしんきょくげんていり）」なんていうのも、その例です。聞いただけで寒気がするなんていう方もおられるかもしれませんね。そんなときは、どうか飛ばしてください。

　この本は、順番に読んでもいいし、気になるキーワードだけをピックアップして読む事典としても使えるように書きました。やさしそうな項目から、拾い読みしていって、知らない間に全体を読んでしまっている。そんな読み方も想定しています。

　最後に、この本の企画・編集で大変お世話になりました日科技連出版社の蘭田俊江氏に、いつもながら感謝いたします。氏の励ましなくして、この本は完成しなかったでしょう。

　この本を教科書として、また参考書として、そして手軽なキーワード事典として、使っていただけましたら、著者としてとてもうれしいです。

2008年10月　丸山健夫

CONTENTS

はじめに …………………………………………………… iii

第1章 計算してみよう！

平均 ……………………………………………………… 2
分散 ……………………………………………………… 4
標準偏差 ………………………………………………… 6
最大値 …………………………………………………… 8
最小値 …………………………………………………… 10
メディアン ……………………………………………… 12
範囲 ……………………………………………………… 14
四分位範囲 ……………………………………………… 16
標準化 …………………………………………………… 18
偏差値 …………………………………………………… 20

第2章 ビジュアルに考えよう！

度数分布表 ……………………………………………… 24
ヒストグラム …………………………………………… 26
モード …………………………………………………… 28
一様分布 ………………………………………………… 30
正規分布 ………………………………………………… 32
クロス集計表 …………………………………………… 34
散布図 …………………………………………………… 36
相関 ……………………………………………………… 38
相関係数 ………………………………………………… 40
共分散 …………………………………………………… 42
回帰直線 ………………………………………………… 44

ビギナーに役立つ
統計学の
ワンポイントレッスン

第3章 サンプリングって何だ？

- 母集団 …………………………………… 48
- サンプルの大きさ ……………………… 50
- ランダムサンプリング ………………… 52
- 系統サンプリング ……………………… 54
- 層別サンプリング ……………………… 56
- 2段サンプリング ……………………… 58
- 中心極限定理 …………………………… 60
- 自由度 …………………………………… 62

第4章 検定で確かめよう！

- 仮説検定 ………………………………… 66
- p値 ……………………………………… 68
- 有意水準 ………………………………… 70
- カイ2乗検定 …………………………… 72
- 1サンプルのt検定 …………………… 76
- 対応のあるサンプルのt検定 ………… 80
- 独立したサンプルのt検定 …………… 84
- 一元配置の分散分析 …………………… 88
- 二元配置の分散分析 …………………… 92
- F検定 …………………………………… 98

第5章 パソコンでやってみよう！

- 基本的な計算 …………………………… 104
- p値の計算 ……………………………… 108

- 付録　数値表 …………………………… 112
- 重要用語50 ……………………………… 114

第1章
計算してみよう!

LESSON 1

平均 へいきん

データを集めて全体を見たとき、この程度が普通だろうと思える数字のこと。「クラスの平均は60点だった！」などと使う。

（計算）合計をデータの数で割る。

$$平均 = \frac{\bigcirc + \bigcirc + \cdots + \bigcirc}{データの数}$$

例題1 3人の体重が、61kg、57kg、62kgのとき、平均を計算しなさい。

答

$$平均 = \frac{\overbrace{61+57+62}^{全部の合計}}{\underbrace{3}_{データの数}} = \frac{180}{3} = 60 \text{ kg}$$

こたえ．60kg

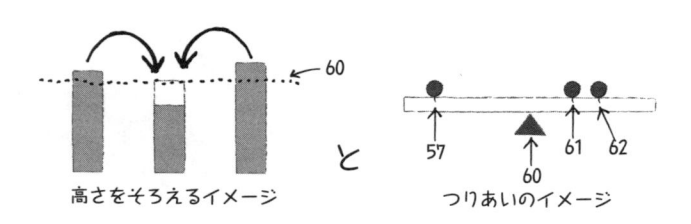

高さをそろえるイメージ と つりあいのイメージ

第1章 計算してみよう！

例題2

クラス全体の体重の平均を調べたい。でも、時間がないので適当に選んだ3人から予想することにした。選んだ3人は、61kg、57kg、62kgだった。クラス平均はどのくらいか？

答

まず、3人だけの平均を計算します。

$$3人の平均 = \frac{61+57+62}{3} = \frac{180}{3} = 60 \text{ kg}$$

（61+57+62 ← 3人の体重、3 ← データの数）

ほかに何も情報がないので、60kgをそのままクラス平均と考えるのがよさそうです。

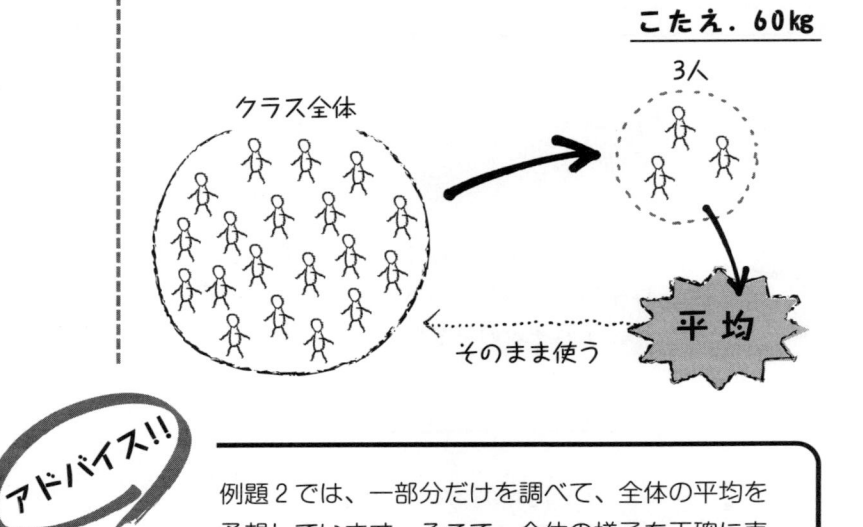

こたえ. 60kg

クラス全体 → 3人 → 平均 → そのまま使う

アドバイス!!

例題2では、一部分だけを調べて、全体の平均を予想しています。そこで、全体の様子を正確に表わす人たちを取り出すことが一番大切なことです。

平均

分散 ぶんさん

平均の周りにどのようにデータが散らばっているのかを表わす数字。平均の周りにデータがたくさんあると小さく、広がっていると大きな数字になる。

$$分散 = \frac{(\bigcirc - 平均)^2 + (\bigcirc - 平均)^2 + \cdots\cdots + (\bigcirc - 平均)^2}{\bigcirc}$$

→ 集めたデータだけ考える → データの数
→ 集めた一部のデータから全体を予想する → データの数 − 1

例題1 3人の体重が、61kg、57kg、62kgのとき、分散を計算しなさい。

答 平均は、60kgです。そこで、60を中心にして、各データがどれだけ平均から離れているかを、平均との差を2乗してはかります。それぞれの答を合計して、データの数で割ります。

$$分散 = \frac{(61-60)^2 + (57-60)^2 + (62-60)^2}{3}$$

$$= \frac{1^2 + (-3)^2 + 2^2}{3} = \frac{14}{3} \text{ kg}^2 \quad \text{こたえ.}$$

数字の大小に興味があるので、分散の単位はよく省略されます。

例題2 クラス全体の体重の分散を調べたい。でも、時間がないので適当に選んだ3人から予想することにした。選んだ3人の体重は、61kg、57kg、62kgだった。クラス全体の分散はどのくらいか？

答 まず、3人だけの平均を計算すると、60kgです。

この平均60は、3人の選び方によって変化します。クラス全体の平均は別にあります。そのため、60を中心にして、各データがどれだけ離れているか、2乗して計算しても少し誤差が出ます。そこで、誤差を修正するために データの数 で割らずに データの数－1 で割ります。

$$\text{クラス全体の分散} = \frac{(61-60)^2 + (57-60)^2 + (62-60)^2}{2}$$

（60は3人だけの平均、2はデータの数－1）

$$= \frac{1^2+(-3)^2+2^2}{2} = 7$$

こたえ. 7

アドバイス!!

データの数－1 で割ると、全体の分散の予想になります。パソコンの統計ソフトで分散を出すと、データの数－1 で割ったほうを計算してくれます。私たちが集めたデータは、いつでも本当に調べたい全体の一部分に過ぎないと考えるからです。現代では単に「分散」といえば、データの数－1 で計算します。

標準偏差 ひょうじゅんへんさ

分散の平方根、つまりルートのこと。分散が大きいと当然大きくなり、小さいと小さい。
そこで、分散と同じく、平均の周りにどのようにデータが散らばっているかを表わす数字。

$$標準偏差 = \sqrt{分散}$$

$$= \sqrt{\frac{(○-平均)^2+(○-平均)^2+\cdots+(○-平均)^2}{}}$$

→ 集めたデータだけ考える → データの数
→ 集めた一部のデータから全体を予想する → データの数-1

例題1 3人の体重が、61kg、57kg、62kgのとき、標準偏差を計算しなさい。

答 平均は、60kgです。

$$標準偏差 = \sqrt{\frac{(61-60)^2+(57-60)^2+(62-60)^2}{③}} \leftarrow データの数$$

$$= \sqrt{\frac{1^2+(-3)^2+2^2}{3}} = \sqrt{\frac{14}{3}} \text{ kg}$$

こたえ.

電卓などで小数にすることが多い。

数字の大小に興味があり、単位はよく省略する。

例題2 クラス全体の体重の標準偏差を調べたい。でも、時間がないので適当に選んだ3人から予想することにした。選んだ3人は、61kg、57kg、62kgだった。クラス全体の標準偏差はどのくらいか？

答

まず、3人だけの平均を計算すると、60kgです。クラス全体の標準偏差を予想するため、 データの数-1 で割ります。

$$\text{クラス全体の標準偏差} = \sqrt{\frac{(61-\underset{\text{3人だけの平均}}{60})^2 + (57-\underset{\text{3人だけの平均}}{60})^2 + (62-\underset{\text{3人だけの平均}}{60})^2}{\underset{\text{データの数}-1}{2}}}$$

$$= \sqrt{\frac{1^2 + (-3)^2 + 2^2}{2}} = \sqrt{\frac{14}{2}}$$

$$= \sqrt{7} \quad \leftarrow \text{こたえ.}$$

☆分散の平方根（ルート）が標準偏差なので、分散で計算した答えを、ルートしても同じです。

アドバイス!!

データの数-1 を使うと、全体の標準偏差を予想した数字になります。統計ソフトでは、 データの数-1 で割ったほうを計算してくれます。手元のデータは本当に調べたいもっと多くのデータの一部だと考えるからです。現代では単に「標準偏差」といえば、 データの数-1 で計算します。

最大値 さいだいち

集めたデータの中でもっとも大きい数字のこと。

☆データは必ず小さい順に並べる。
☆身長・体重など、何についての最大値か注意する。

例題1 3人の身長と体重をはかった。身長の最大値と体重の最大値はいくつか？

答

名　前	身長cm	体重kg
A	170	60
B	150	30
C	160	90

身長のデータを小さい順に並べると、150cm、160cm、170cmです。そこで、身長の最大値は170cm。
体重のデータを小さい順に並べると、30kg、60kg、90kgです。そこで、体重の最大値は90kg。

こたえ．身長の最大値は170cm、体重の最大値は90kg

例題2 10人の体重をはかってデータを集めた。最大値はいくらか？
48kg、60kg、64kg、38kg、40kg、52kg、68kg、53kg、56kg、51kg

答 小さい順に並べ替えます。

　　　　　　　　　　　　　　　　　　　　　　最大値
　　　　　　　　　　　　　　　　　　　　　　　↓
38、40、48、51、52、53、56、60、64、68
小さい ──────────────────────→ 大きい

一番大きい数字は68kgとわかります。

こたえ．最大値は68kg

アドバイス!!

データを並べ替えずに、最大値を探そうとすると、「仮の最大値」という考え方を使います。まず、データの1つ目を「仮の最大値」にします。そして次のデータと比べます。もし次のほうが小さければ、「仮の最大値」はそのままです。でも次のほうが大きければ、それを「仮の最大値」にし直します。この方法で最後のデータまで比べて最後に残った「仮の最大値」が全体の最大値です。

最小値 さいしょうち

集めたデータの中でもっとも小さい数字のこと。

身長の小さい順に並べる

身長の最小値をもつ

☆データは必ず小さい順に並べる。
☆身長・体重など、何についての最小値か注意する。

例題1 3人の身長と体重をはかった。身長の最小値と体重の最小値はいくつか？

名　前	身長cm	体重kg
A	170	60
B	150	30
C	160	90

答 身長のデータを小さい順に並べると、150cm、160cm、170cmです。そこで、身長の最小値は150cm。
体重のデータを小さい順に並べると、30kg、60kg、90kgです。そこで、体重の最小値は30kg。

こたえ．身長の最小値は150cm、体重の最小値は30kg

例題2 10人の体重をはかってデータを集めた。最小値はいくらか？
48kg、60kg、64kg、38kg、40kg、52kg、68kg、53kg、56kg、51kg

答 小さい順に並べ替えます。

最小値
↓
㊳ 40、48、51、52、53、56、60、64、68
小さい ←――――――――――――――――――→ 大きい

一番小さい数字は38kgとわかります。

こたえ．最小値は38kg

アドバイス!!

データを並べ替えずに、最小値を探そうとすると、最大値のときと同じように「仮の最小値」を使います。まず、データの1つ目を「仮の最小値」にします。そして、次のデータと比べて、もし次のほうが小さければ、それを「仮の最小値」にし直し、大きければそのままにします。パソコンなら1つ目を「仮の最小値」にしてきちんと全部を比較していきます。ところが人間は、全体を見渡し、適当に「仮の最小値」を決めてから比べて、楽をしようとします。そしてミスをします。急がば回れなんでしょうね。

メディアン めでぃあん

データを小さい順に並べたとき、ちょうど真ん中になる数字のこと。中央値ともいう。

データの数 → 奇数のとき…ちょうど真ん中の数字
　　　　　 → 偶数のとき…ちょうど真ん中がないので真ん中2つの平均

例題1 3人の身長と体重をはかった。身長のメディアンと体重のメディアンはいくつか？

名　前	身長cm	体重kg
A	170	60
B	150	30
C	160	90

答 身長のデータを小さい順に並べると、150cm、160cm、170cmです。そこで、ちょうど真ん中の位置にくるのは160cm。体重のデータを小さい順に並べると、30kg、60kg、90kgです。そこで、ちょうど真ん中の位置にくるのは60kg。

こたえ．
身長のメディアンは160cm、体重のメディアンは60kg

例題2 10人の体重をはかってデータを集めた。メディアンはいくらか？

48kg、60kg、64kg、38kg、40kg、52kg、68kg、53kg、56kg、51kg

答 小さい順に並べ替えます。

ちょうど真ん中はこの間！

38　40　48　51　52　53　56　60　64　68

平均 $\frac{52+53}{2}$

$\boxed{52.5}$ メディアン

こたえ．メディアンは52.5kg

アドバイス!!

メディアンは平均と同じく、データを集めて全体を見たとき、この程度が普通だと思える数字の一つです。平均は計算で出し、メディアンは並べた順位から考えます。テストの点数を平均点と比べるのでなく、席次が真ん中より上か下かを見るときにも使えます。

範囲 はんい

データを小さい順に並べたとき、全体の格差のこと。もっとも簡単にデータのばらつきを表わす数字。レンジともいう。

範囲＝最大値－最小値

最大値
格差
最小値

例題1 3人の身長と体重をはかった。身長の範囲と体重の範囲はいくつか？

名　前	身長cm	体重kg
A	170	60
B	150	30
C	160	90

答 身長のデータを小さい順に並べると、150cm、160cm、170cmです。

　　　最大値－最小値＝170－150＝20

体重のデータを小さい順に並べると、30kg、60kg、90kgです。

$$最大値 - 最小値 = 90 - 30 = 60$$

こたえ．身長の範囲は20㎝、体重の範囲は60kg

例題2

10人の体重をはかってデータを集めた。範囲はいくらか？
48kg、60kg、64kg、38kg、40kg、52kg、68kg、53kg、56kg、51kg

答

小さい順に並べ替えます。

㊳ 40 48 51 52 53 56 60 64 ㊸
↑   ↑
最小値   最大値

(最大値は68)

$$範囲 = 最大値 - 最小値$$
$$= 68 - 38$$
$$= 30$$

こたえ．範囲は30kg

アドバイス!!

データを集めていったときに、データが変化する幅の大きさのことになります。この幅が大きいと大きいものから小さいものまでいろいろな数字が含まれているので、データにばらつきがあるとわかります。

四分位範囲 しぶんいはんい

データを小さい順に並べたとき、真ん中の50％の部分の格差のこと。小さいほうからデータの75％を含む位置の数字から、データの25％を含む位置の数字を引く。平均を使わずにデータのばらつきを表わす数字の一つ。

四分位範囲＝75％の位置の数字－25％の位置の数字

例題1 10人の体重を集めた。四分位範囲で集めたデータのばらつきを表わしなさい。
48kg、60kg、64kg、38kg、40kg、52kg、68kg、53kg、56kg、51kg

答 10個のデータを小さい順に並べ替えます。ちょうど真ん中の順位は5.5番目です。

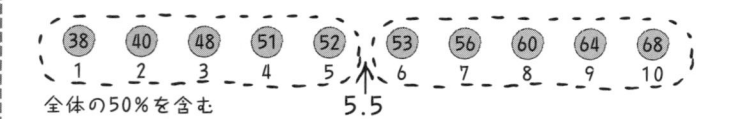

38　40　48　51　52　53　56　60　64　68
1　　2　　3　　4　　5　　6　　7　　8　　9　　10
　　　　　　　　　　　↑
　　　　　　　　　　5.5
全体の50％を含む

この5.5は、次のようにすると計算で出ます。

$$(1+10) \times \frac{1}{2} = 5.5$$

↑最初の順位　↑最後の順位　　　　　0.50=50%です。

この例でわかるように、全体の75%を含む順位は、

$$(1+10) \times 0.75 = 8.25 \text{番目}$$

全体の25%を含む順位は、

$$(1+10) \times 0.25 = 2.75 \text{番目}$$

8番目が60で9番目が64なので、8.25番目の数字は、間の様子から61と考えます。

$$60+(64-60)\times 0.25 = 61$$

同じように、2番目が40で3番目が48なので、2.75番目の数字は、間の様子から46と考えます。

$$40+(48-40)\times 0.75 = 46$$

61と46の差を計算して、61－46 ＝ 15

こたえ．四分位範囲は15kg

アドバイス!!

範囲（レンジ）は、たった一つでも、とても大きな数字があると大きく影響を受けます。四分位範囲は真ん中の50%の部分だけを考えるので、全体としてのばらつきをよく表わします。

標準化 ひょうじゅんか

平均から標準偏差の何倍分だけ離れているかという数字に、データの数字を変えてしまうこと。こうすると新しい数字は平均が0、標準偏差が1になる。いろいろなデータを平均0と標準偏差1の同じような状態にして比べやすくする。

$$新しい数字 = \frac{（） - 平均}{標準偏差}$$

☆標準偏差は データの数－1 で計算したほうです。

例題1 平均が60kg、標準偏差が3kgのとき、66kgを標準化するといくらか。

答 66kgが平均60kgから、標準偏差3kgの何倍分離れているかという数字を考えます。

$$\frac{\underset{もとのデータ}{66} - \underset{平均}{60}}{\underset{標準偏差で割る}{3}} = \frac{6}{3} = 2$$

標準化した結果の新しい数字で単位はない

こたえ． 66kg $\xrightarrow{標準化}$ 2

例題2 3人の身長が、170cm、150cm、160cmのとき、データを標準化しなさい。

答

身長の平均は160cm。

身長の標準偏差 = $\sqrt{\dfrac{(170-\underset{平均}{160})^2+(150-\underset{平均}{160})^2+(160-\underset{平均}{160})^2}{\underset{データの数-1}{2}}}$

$= \sqrt{100} = 10$

170cm、150cm、160cmを標準化すると、それぞれ、

$\dfrac{170-\overset{平均}{160}}{\underset{標準偏差}{10}} = 1$ $\dfrac{150-160}{10} = -1$ $\dfrac{160-160}{10} = 0$

こたえ.

標準化前	標準化後
170cm	1
150cm	−1
160cm	0

↑平均は160cm
標準偏差は10cm

↑標準化すると
平均は0、標準偏差は1になっている！

アドバイス!!

いろいろな種類のデータを同じ状態にして比べることができます。標準化された新しい数字には単位はありません。

標準化

偏差値 へんさち

テストの点数を標準化して、平均0、標準偏差1になった新しい数字を、10倍してから50を足したもの。こうすると平均が50、標準偏差が10になる。
いろいろなテストの点数を、平均50、標準偏差10の同じ条件にして比べようという日本独自の標準化のやり方。

$$偏差値 = 標準化した数字 \times 10 + 50$$
$$= \frac{\bigcirc - 平均}{標準偏差} \times 10 + 50$$

例題1 平均点が60点、標準偏差が20点のテストで、100点の人の偏差値はいくらか？

答 100点の人は平均60点より40点だけプラス方向に離れています。この40点は標準偏差20点の何倍か考えると、この人は平均より標準偏差の2倍離れています。

$$\frac{100 - \underset{平均}{60}}{\underset{標準偏差}{20}} = \underset{標準化}{2}$$

この2を10倍して50を足した数が偏差値だから、

$$2 \times 10 + 50 = 70 \quad \text{偏差値70！}$$

いつも10倍する　　いつも50をたす

例題2 全部で3人が受験したテストで、Aさんは170点、Bさんは150点、Cさんは160点だった。偏差値にしなさい。

答 平均は160ですから、

$$標準偏差 = \sqrt{\frac{(170-\overset{平均}{160})^2+(150-\overset{平均}{160})^2+(160-\overset{平均}{160})^2}{\underset{\text{データの数-1}}{2}}} = 10$$

$$Aさんの偏差値 = \frac{170 - \overset{平均}{160}}{\underset{標準偏差}{10}} \times \overset{\text{いつも10倍する}}{10} + \overset{\text{いつも50をたす}}{50} = 60$$

$$Bさんの偏差値 = \frac{150 - 160}{10} \times 10 + 50 = 40$$
←マイナス1になる

$$Cさんの偏差値 = \frac{160 - 160}{10} \times 10 + 50 = 50$$
平均点の偏差値は50

こたえ.

名　前	得　点	偏差値
Aさん	170点	60
Bさん	150点	40
Cさん	160点	50

アドバイス!!

標準化するとテストの点数は、平均点をとっても0です。平均点は50点のほうがしっくりくるので50を足すことにします。ところが、標準化した数字はせいぜい−3から3の間くらいしか動きません。50を足しただけだと47から53くらいしか変化しません。そこで、10倍してから50を足すことで、人間の感覚に合わせています。

LESSON 2
年 月 日

第2章
ビジュアルに考えよう!

度数分布表 どすうぶんぷひょう

データの数を数えて表にしたもの。数字のデータのときは、適当な区切りを作って、その中に当てはまるデータの数を数える。数えたカウントのことを度数というのでこの名前がある。

データの名前 ← | 血液型 | A | B | O | AB |
|---|---|---|---|---|
| 度数 | 4 | 2 | 3 | 1 |

↑ カウントのこと

→ この表が度数分布表

例題1 10人の血液型を調べたところ、B、A、O、A、AB、O、B、A、O、Aだった。度数分布表を作りなさい。

答 クラス委員の選挙の開票のように、新しく出てきた人の名前を追加しながら、「正」の字を書いていきます。

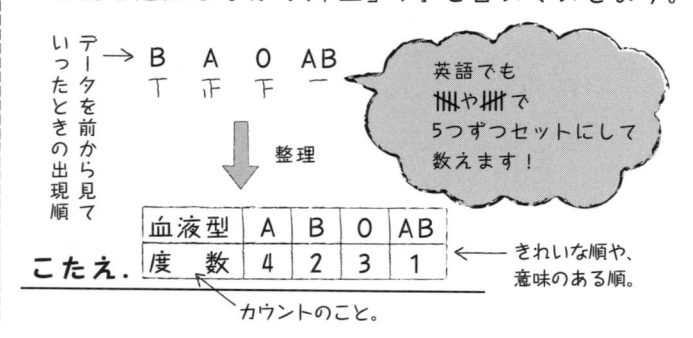

データを前から見ていったときの出現順 →

B	A	O	AB
T	正	F	一

（英語でも ╫╫ や ╫╫ で 5つずつセットにして数えます！）

↓ 整理

こたえ.

血液型	A	B	O	AB
度数	4	2	3	1

← きれいな順や、意味のある順。

↑ カウントのこと。

例題2

10人の体重をはかってデータを集めた。度数分布表を作りなさい。48kg、60kg、64kg、38kg、40kg、52kg、68kg、53kg、56kg、51kg

答

まず、データの数からいくつの区切りを作るかを考えます。

データの数	25	50	100	200	500
区切りの数	6	7	8	9	10

←ぐらいのとき
←これくらい

こんな参考になる表も見かけます。しかし、最小値、最大値、範囲も考えに入れて、キリのよい数字で、変化がよくわかる区切り方を自分で考えればよいのです。

この例では、最小値が38kg、最大値は68kg、範囲は30kgです。そこで、30kgから10kgきざみで、4つの区間を考えることにします。

①30kg以上40kg未満　②40kg以上50kg未満
③50kg以上60kg未満　④60kg以上70kg未満　の4つです。

区間は普通「以上」と「未満」で考えます。
「30kg以上」というと、ちょうど30kgは含まれ、「40kg未満」では40kgちょうどは含まれません。

①～④に当てはまる数字を数えて、度数分布表を作ります。

こたえ.

体重kg	30～	40～	50～	60～
度　数	1	2	4	3

アドバイス!!

分類してカウントするのが統計の基本です。そこで、度数分布表作りは、統計のもっとも大切な作業です。集めたデータが文字のときは、文字ごとにカウントします。数字のときは、区切りの区間を自分で作ってからカウントします。

ヒストグラム ひすとぐらむ

度数分布表をグラフにするとき、横軸が文字のときは棒グラフになり、数字のときは、ヒストグラムになる。ヒストグラムは、グラフの棒が隣と密着している。

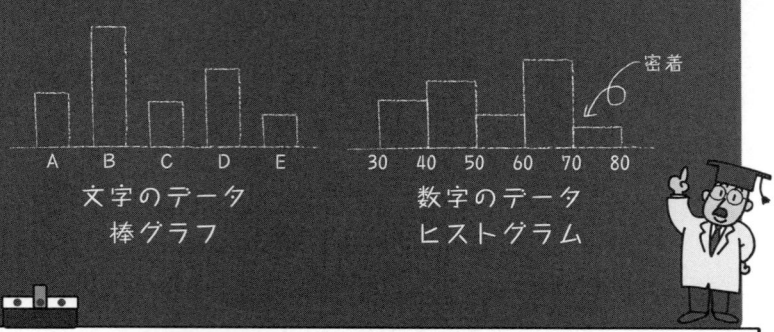

密着

文字のデータ
棒グラフ

数字のデータ
ヒストグラム

例題1 次の度数分布表を棒グラフにしなさい

血液型	A	B	O	AB
度数	4	2	3	1

答 横軸に血液型を並べて度数に合うような高さで棒グラフを描きます。

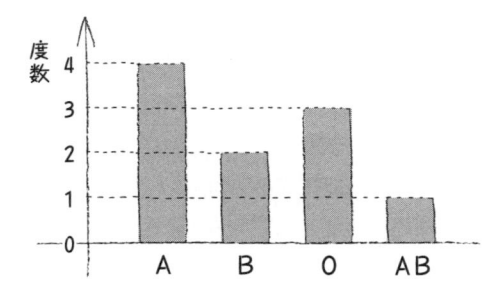

例題2 次の度数分布表をヒストグラムにしなさい。

体重kg	30~	40~	50~	60~
度　数	1	2	4	3

答　横軸に体重の目盛を考えます。
区切りを作った数字を境界にして、同じ高さでつないでいきます。

こたえ．

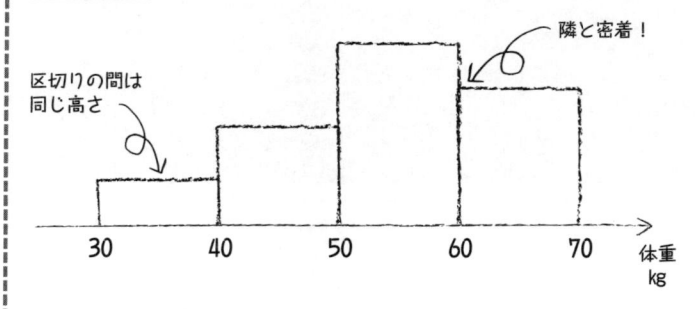

区切りの間は同じ高さ
隣と密着！

☆データが数字のときは、このようにグラフもつながります。

アドバイス!!

棒グラフは、棒の高さが度数の大きさを表わします。ヒストグラムは、囲まれた四角形の面積が度数の大きさを表わします。そこで、度数分布の区切りの幅がみんな同じ幅のときは、棒グラフと同じで、高さの大小が度数の大小になります。

モード もーど

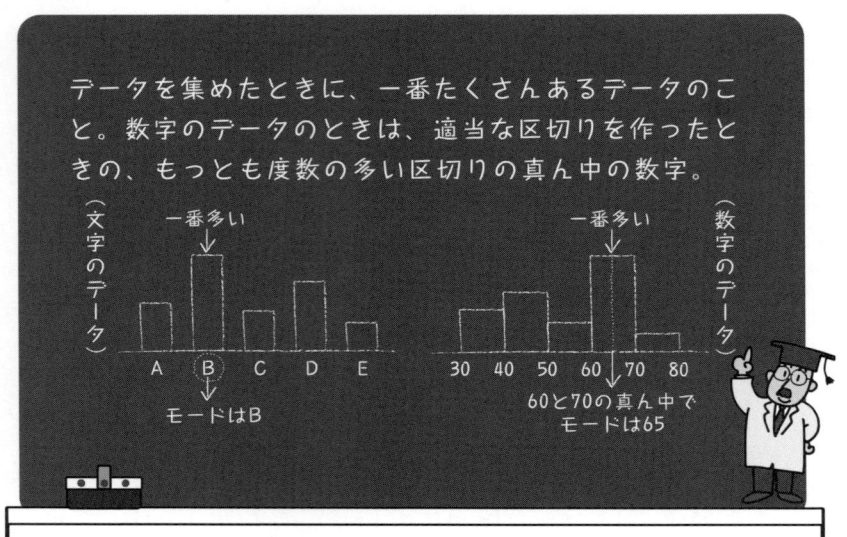

データを集めたときに、一番たくさんあるデータのこと。数字のデータのときは、適当な区切りを作ったときの、もっとも度数の多い区切りの真ん中の数字。

（文字のデータ）
一番多い↓
A B C D E
↓
モードはB

（数字のデータ）
一番多い↓
30 40 50 60 70 80
60と70の真ん中で
モードは65

例題1 10人の血液型を調べた度数分布表である。モードを答えなさい。

血液型	A	B	O	AB
度数	4	2	3	1

答 度数分布表のままで、グラフを描かなくてもモードはわかります。もっとも多い血液型はAなのでモードはA型です。しかし、棒グラフを描くとわかりやすくなります。

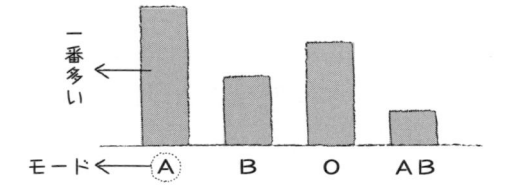

一番多い←
モード←(A) B O AB

例題2　10人の体重をはかってデータを集めた。モードはいくらか？
48kg、60kg、64kg、38kg、40kg、52kg、68kg、53kg、56kg、51kg

答　数字は全部バラバラで、カウントも全部1です。
そこで、区切りを作り度数分布表を作ってみましょう。

体重kg	30〜	40〜	50〜	60〜
度数	1	2	4	3

50kg以上60kg未満の区間の度数が一番多いようです。
この区間の中央は55kgなので　　**こたえ．モードは55kg**

ここで、度数分布表の区切りを変えてみましょう。

体重kg	30〜50	50〜70
度数	3	7

今度は、50kg以上70kg未満の区間の度数が一番多いようです。
この区間の中央は60kgなので　　**こたえ．モードは60kg**

つまり、数字のデータの場合はどのような区切りの度数分布表を作るかで、同じデータでもモードは少し変わります。

アドバイス!!

モードは数字のデータの場合、度数分布表が出来上がった後のお話です。度数分布表の区切りの作り方でモードの数字は変わってきます。

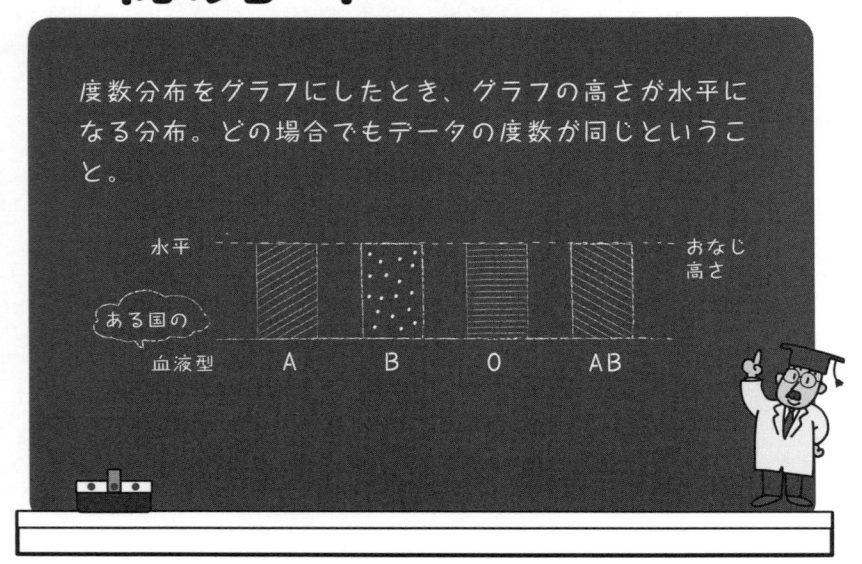

一様分布 いちようぶんぷ

度数分布をグラフにしたとき、グラフの高さが水平になる分布。どの場合でもデータの度数が同じということ。

水平　　　　　　　　　　　　　　　おなじ高さ

ある国の
血液型　A　B　O　AB

例題1　8人の血液型を調べたところ、B、A、O、AB、O、A、AB、Bだった。分布の形を調べなさい。

答　度数分布表を作ると、

血液型	A	B	O	AB
度　数	2	2	2	2

これを棒グラフにすると、

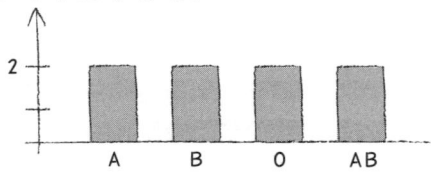

こたえ．分布の形は一様分布

例題2

サイコロを投げて出た目を記録してデータにした。
3ばかりが出るイカサマのサイコロと、正常な普通のサイコロでは、それぞれどのような分布になるか？

答

3ばかりが出るイカサマのサイコロなら度数分布表は、

サイコロの目	1	2	3	4	5	6
度 数	0	0	◯	0	0	0

←サイコロを投げた回数

こたえ.

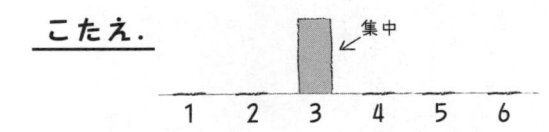

←集中

　　1　2　3　4　5　6

正常な普通のサイコロなら度数分布表は、

サイコロの目	1	2	3	4	5	6
度 数	◯/6	◯/6	◯/6	◯/6	◯/6	◯/6

←サイコロを投げた回数

こたえ.

　　1　2　3　4　5　6

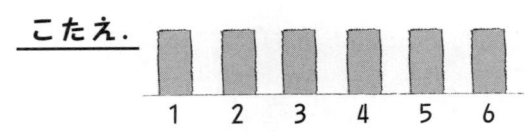

☆1個のサイコロを投げたときに出る目は、どの目も同じように出るのが理想です。サイコロの目は一様分布が期待されています。

アドバイス!!

分布をグラフにしたとき、グラフが同じ高さになるのが、一様分布です。連続した数字のときも、高さが同じフェンスが長く続くような形になります。

一様分布

正規分布 せいきぶんぷ

ヒストグラムで、真ん中あたりのデータが多く、平均から離れるほど少なくなるような山型の分布になることがある。その中でもっとも理想的な分布の形である数学的な目標の分布。

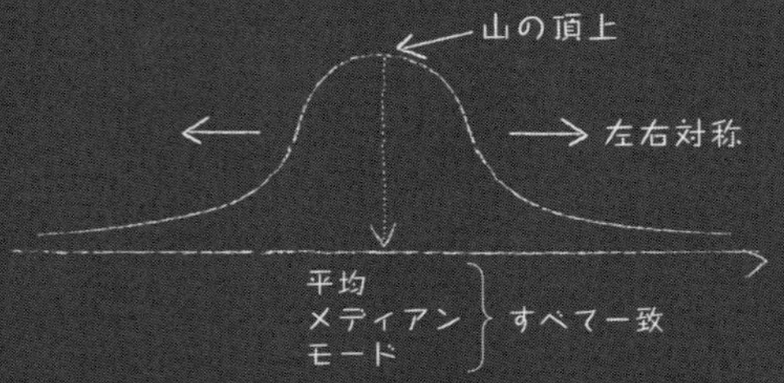

山の頂上
左右対称
平均
メディアン　すべて一致
モード

例題1 次のデータの分布は理想的には正規分布していると考えてよいか。
①サイコロの目　②身長　③テストの点数
④体重　⑤血液型

答　①サイコロの目

サイコロの目は、1から6まで同じように出ることが期待されます。理想の状態は一様分布です。

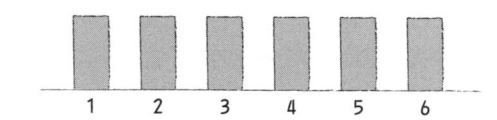

② 身長

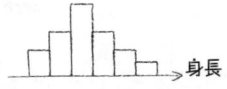

生物の大きさは、理想的には正規分布になると考えます。

③ テストの点数

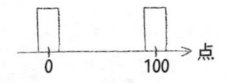

一問しかないテストなら100点か0点です。
テストの内容、配点、採点方法などで分布は変わります。テストが能力を正しく評価でき、点数も人ごとに細かく変化し、実際のヒストグラムが山型になるとき、正規分布だと考えて、分析を進めます。

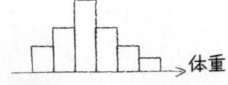

④ 体重

身長と同じように理想的には正規分布だと考えます。

⑤ 血液型

文字のデータなので棒グラフで横軸に書く文字の順番を変えると、グラフの全体のかたちもかわります。
山型という分布の形は、数字のデータでのことです。

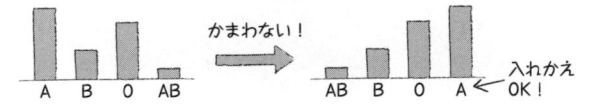

かまわない！
入れかえOK！

アドバイス!!

集めたデータが、きちんと正規分布することはありません。正規分布は「理想的にはきっと、こうなるだろう」という目標の分布です。集めたデータが「理想的な状態なら正規分布する」と考えることで、いろいろな数学的な計算が簡単にできるようになり、高度な分析が可能になります。

正規分布

クロス集計表 くろすしゅうけいひょう

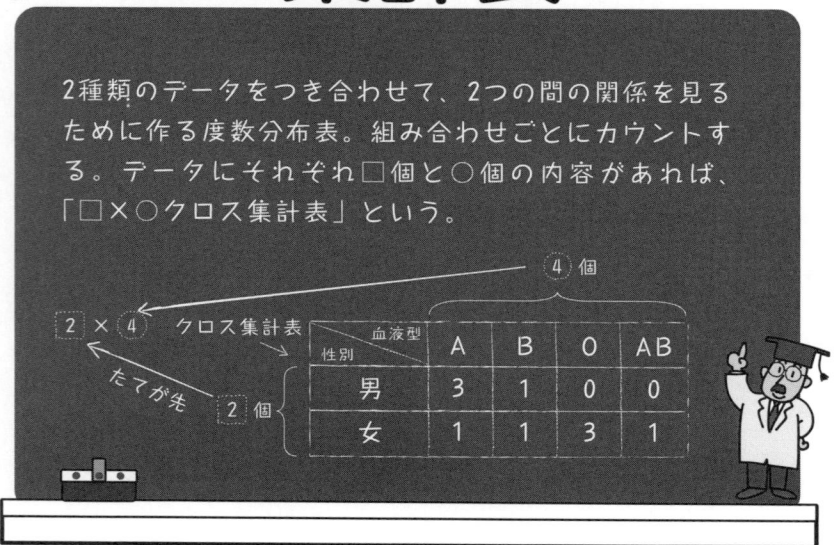

2種類のデータをつき合わせて、2つの間の関係を見るために作る度数分布表。組み合わせごとにカウントする。データにそれぞれ□個と○個の内容があれば、「□×○クロス集計表」という。

	血液型 A	B	O	AB
性別 男	3	1	0	0
女	1	1	3	1

2×4 クロス集計表　たてが先　2個　4個

例題1

10人の血液型と性別を調べたところ、
B（男）、A（女）、O（女）、A（男）、AB（女）、
O（女）、B（女）、A（男）、O（女）、A（男）
だった。クロス集計表を作りなさい。

答

もし、問題に、「男4人、女6人の合計10人の血液型を調べたら、A型4人、B型2人、O型3人、AB型1人だった」という情報しかなかったとしたら、クロス集計表は作れません。
たとえ、

性別	男	女
度数	4	6

と

血液型	A	B	O	AB
度数	4	2	3	1

という2種類の情報があっても、できません。誰のことかという、2つの情報をつき合わせるための手がかりがないからです。でもこの例題には、その手がかりが含まれています。

まず、性別が男・女の2つ、血液型がA、B、O、ABの4つなので、「2×4クロス集計表」を作ることになります。最初に、クロス集計表のワクだけを書きましょう。

性別＼血液型	A	B	O	AB
男				
女				

そして、集めたデータを順番に見て、当てはまる組み合わせのワクの中に「正」の字を書いてカウントします。最初のデータは「B（男）」ですから、「Bの男」のワクに「一」を書きます。全部をカウントしたあと、それぞれの度数を数字に直せば出来上がりです。

性別＼血液型	A	B	O	AB
男	下	一		
女	一	一	下	一

数字に書きかえ ⇒

こたえ.

性別＼血液型	A	B	O	AB
男	3	1	0	0
女	1	1	3	1

アドバイス!!

同じ人やモノからの、2種類のデータを組み合わせて、組み合わせたペアごとに、その数をカウントします。2種類のデータを合わせるといっても、共通の人やモノからのデータでなければ、クロス集計はできません。

散布図 さんぷず

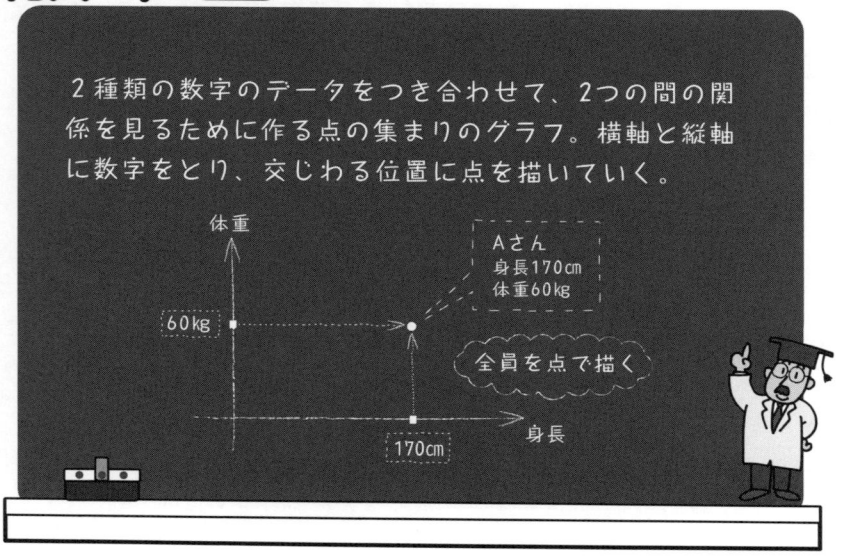

2種類の数字のデータをつき合わせて、2つの間の関係を見るために作る点の集まりのグラフ。横軸と縦軸に数字をとり、交じわる位置に点を描いていく。

体重 ↑
60kg ・――――・ Aさん 身長170cm 体重60kg
　　　　　　｜
　　　　　　・　　全員を点で描く
　　　　　　170cm → 身長

例題1 3人の身長と体重をはかった。散布図を作りなさい。

名　前	身長cm	体重kg
A	170	60
B	150	30
C	160	90

答 Aさんは身長170cm、体重60kgです。同じ人の身長と体重のデータを組み合わせて、1つの点にします。同じ人から出た2つの種類のデータをつき合わせることが大切です。横軸に身長の目盛をとり、縦軸に体重をとります。逆に、横軸を体重にして、縦軸を身長にしてもかまいません。実験の条件など、私たちがコントロールできる情報の場合はそちらを横軸にします。

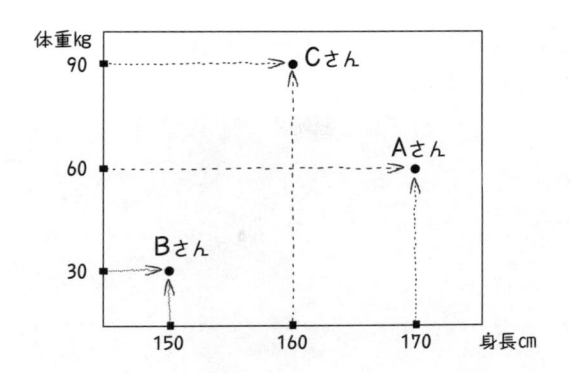

Aさん：身長の170cmと体重の60kgの交わる位置に点を打ちます。
Bさん：身長の150cmと体重の30kgの交わる位置に点を打ちます。
Cさん：身長の160cmと体重の90kgの交わる位置に点を打ちます。

身長の平均と体重の平均を点線で描いておくと、データの様子がよくわかります。

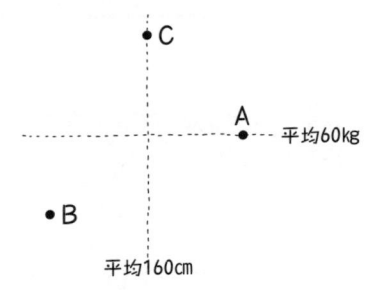

アドバイス!!

　2種類のデータを組み合わせることで、2つのデータの間の関係を調べます。両方とも同じモノからの数字のデータだということが大切です。文字のデータなら、クロス集計表を利用します。点を数多く描いていくと、全体の様子がビジュアルに見えてきます。

散布図

相関 そうかん

2種類のデータの間にある関係の一つ。それぞれの平均を中心にした散布図を見るとよくわかる。

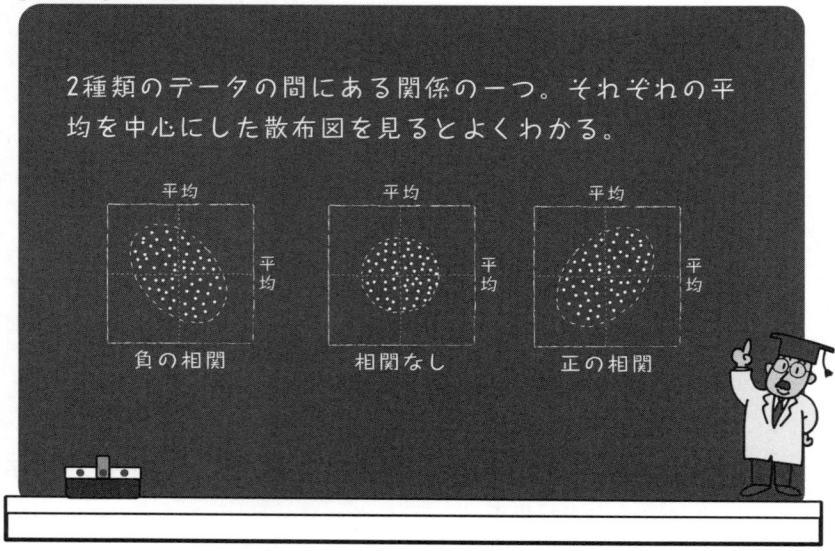

- 負の相関
- 相関なし
- 正の相関

例題1

身長と体重を調べて散布図を作った。結果を分析しなさい。

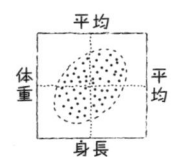

答

身長が平均より大きい、図の右側の人たちでは、体重も平均より大きい人が多いようです。また、身長が平均よりも小さい、図の左半分の人たちでは体重も平均より小さい人たちが多い傾向にあります。身長と体重の間には正の相関があるといえます。

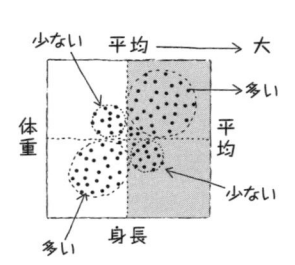

例題2 ある学校で、国語、理科、社会のテスト成績で散布図を作った。結果を分析しなさい。

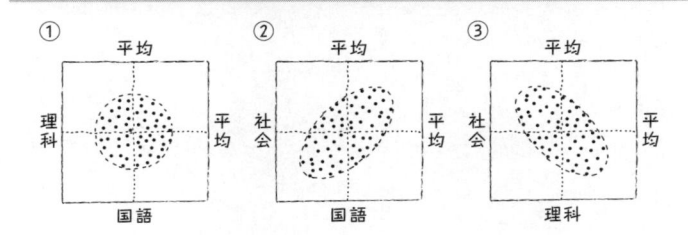

① 平均／理科／平均／国語
② 平均／社会／平均／国語
③ 平均／社会／平均／理科

答

①について
　国語の成績が平均以上のグラフの右半分の人たちでは理科は理科の平均よりよい人も悪い人もいます。左半分も同じ傾向です。この結果では、国語と理科の相関はなさそうです。

②について
　国語の成績が平均よりよい人たちは、社会も平均よりよい場合が多いようです。また国語が平均より悪いと、社会も平均より悪い場合が多い傾向にあります。国語と社会の間には正の相関関係がありそうです。

③について
　理科の成績が平均よりよい人たちは、社会の成績が悪い傾向があり、理科が悪いと反対に社会の成績がよいという傾向があります。理科と社会の間には、負の相関関係がありそうです。

アドバイス!!

相関は平均を中心にして考えます。散布図が右上がり傾向なら正の相関、反対に右さがり傾向なら負の相関、バラバラなら相関なしです。

相関

相関係数 そうかんけいすう

相関の様子を数字にしたもの。正の相関のときプラス、負の相関のときマイナス、相関なしのときゼロになる。−1→0→1の間の数字。

$$相関係数 = \frac{(○ - 平均) \times (□ - 平均) の合計}{\sqrt{(○ - 平均)^2 の合計} \times \sqrt{(□ - 平均)^2 の合計}}$$

例題1 3人の身長と体重をはかった。身長と体重の間の相関係数はいくらか？

名　前	身長 cm	体重 kg
A	170	60
B	150	30
C	160	90

答 身長の平均は160cm、体重の平均は60kgです。それぞれの数字の平均との差を表にしてみます。

名　前	身長 cm	体重 kg
A	170−160	60−60
B	150−160	30−60
C	160−160	90−60

身長の平均 160　体重の平均 60

表にある数字を組み合わせて、相関係数を計算します。

$$\text{相関係数} = \frac{(\text{身長の平均との差}) \times (\text{体重の平均との差}) \text{の全員分の合計}}{\sqrt{(\text{身長の平均との差})^2 \text{の合計}} \times \sqrt{(\text{体重の平均との差})^2 \text{の合計}}}$$

$$= \frac{\overbrace{(170-160) \times (60-60)}^{\text{Aさん}} + \overbrace{(150-160) \times (30-60)}^{\text{Bさん}} + \overbrace{(160-160) \times (90-60)}^{\text{Cさん}}}{\underbrace{\sqrt{(170-160)^2 + (150-160)^2 + (160-160)^2}}_{\text{身長}} \times \underbrace{\sqrt{(60-60)^2 + (30-60)^2 + (90-60)^2}}_{\text{体重}}}$$

$$= \frac{10 \times 0 + (-10) \times (-30) + 0 \times 30}{\sqrt{10^2 + (-10)^2 + 0^2} \times \sqrt{0^2 + (-30)^2 + 30^2}}$$

$$= \frac{300}{\sqrt{200} \times \sqrt{1800}} = \frac{300}{\sqrt{200 \times 1800}}$$

↖ ルートがつながる

$$= \frac{300}{\sqrt{360000}} = \frac{300}{600} = \frac{1}{2}$$

$$= 0.5$$

こたえ．相関係数は0.5

アドバイス!!

相関係数は、－1と1の間で、相関の様子を表わします。正の相関が最大のとき＋1になり、負の相関がもっとも強いときは－1になります。

共分散 きょうぶんさん

上級者用

2種類のデータの間の関係を表わす数字。標準偏差で割り算すると相関係数になる。グラフでは図のような四角形の面積の、すべての点での平均。

$$共分散 = \frac{(○ - 平均) \times (□ - 平均)の合計}{データの数}$$

データの数は、ペアの数のこと。
母集団の共分散の予想なら

$$共分散 = \frac{(○ - 平均) \times (□ - 平均)の合計}{データの数 - 1}$$

例題1

3人の身長と体重をはかった。身長と体重の間の共分散はいくらか？

名前	身長cm	体重kg
A	170	60
B	150	30
C	160	90

答

平均は、身長が160cmで体重が60kgです。

$$共分散 = \frac{\overbrace{(170-160) \times (60-60)}^{Aさん} + \overbrace{(150-160) \times (30-60)}^{Bさん} + \overbrace{(160-160) \times (90-60)}^{Cさん}}{3}$$

$$= \frac{10 \times 0 + (-10) \times (-30) + 0 \times 30}{3} = \frac{300}{3} = 100 \quad \text{こたえ.}$$

もし、母集団の共分散を予想するのだったら、データの数 − 1 = 3 − 1 = 2で割って

$$共分散 = \frac{300}{2} = 150 \quad \text{こたえ.}$$

例題2　例題1のデータを使って、共分散をグラフで説明しなさい。

答

名　前	面積の式	面積
A	$(170-160)\times(60-60)=$	0
B	$(150-160)\times(30-60)=$	300
C	$(160-160)\times(90-60)=$	0

面積の平均 $=\dfrac{0+300+0}{3}=100$ 　マイナスのときもある!!

もしも母集団の共分散の予想なら $\dfrac{300}{2}=150$

例題3　共分散と相関係数の関係を調べよ。

答

相関係数の式の分子と分母を同じ数字の「データの数－1」で割ります。

$$相関係数 = \dfrac{\dfrac{(\bigcirc-\boxed{平均})\times(\Box-\boxed{平均})の合計}{データの数-1}}{\dfrac{\sqrt{(\bigcirc-\boxed{平均})^2の合計}\times\sqrt{(\Box-\boxed{平均})^2の合計}}{データの数-1}}$$

データの数－1＝$\sqrt{データの数-1}\times\sqrt{データの数-1}$ なので、分母のほうを変形して

$$=\dfrac{\overbrace{\dfrac{(\bigcirc-\boxed{平均})\times(\Box-\boxed{平均})の合計}{データの数-1}}^{共分散}}{\underbrace{\sqrt{\dfrac{(\bigcirc-\boxed{平均})^2の合計}{データの数-1}}}_{標準偏差}\times\underbrace{\sqrt{\dfrac{(\Box-\boxed{平均})^2の合計}{データの数-1}}}_{}}$$

つまり、　相関係数 $=\dfrac{共分散}{\boxed{標準偏差}\times\boxed{標準偏差}}$ という関係です。

☆これは、母集団の予想をするときの、共分散と標準偏差で考えました。「サンプルだけを考える」場合も、「データの数」で割れば同じです。

アドバイス!!

共分散は、標準化する前の相関係数です。2種類のデータの間の相関関係の大小を表わす数字の一つです。

回帰直線 かいきちょくせん

上級者用

散布図の中で、一方のデータから他方を予想するために引く直線。散布図の点の集まりの傾向をおおまかに表わすことになる。

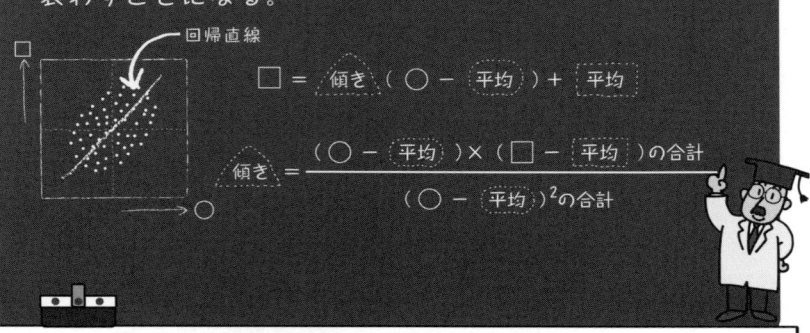

→回帰直線

□ = 傾き (○ − 平均) + 平均

$$傾き = \frac{(○ − 平均) \times (□ − 平均) の合計}{(○ − 平均)^2 の合計}$$

例題1

3人の身長と体重をはかった。新しい人物Dさんの身長だけがわかったとき、Dさんの体重を予想する回帰直線の式を計算しなさい。

名前	身長cm	体重kg
A	170	60
B	150	30
C	160	90

答

身長の平均は160cm、体重の平均は60kgです。それぞれの数字の平均との差を書き出してみます。

名前	身長cm	体重kg
A	170−160	60−60
B	150−160	30−60
C	160−160	90−60

↑身長の平均 160　↑体重の平均 60

この表の中の数字を組み合わせて、回帰直線の式を計算します。

$$\underset{\text{予想体重}}{\boxed{\text{予想体重}}} = \underset{\substack{\uparrow \\ \text{回帰直線の傾き}}}{\boxed{\text{傾き}}} \left(\bigcirc - \underset{\substack{\uparrow \\ \text{今は160cm}}}{\boxed{\text{身長の平均}}} \right) + \underset{\substack{\uparrow \\ \text{今は60kg}}}{\boxed{\text{体重の平均}}}$$

（Dさんの予想体重／Dさんの身長を入れる）

$$\boxed{\text{傾き}} = \frac{(\text{身長の平均との差}) \times (\text{体重の平均との差})\text{の全員分の合計}}{(\text{身長の平均との差})^2 \text{の合計}}$$

$$= \frac{\overbrace{(170-160)\times(60-60)}^{\text{Aさん}} + \overbrace{(150-160)\times(30-60)}^{\text{Bさん}} + \overbrace{(160-160)\times(90-60)}^{\text{Cさん}}}{\underbrace{(170-160)^2 + (150-160)^2 + (160-160)^2}_{\text{身長}}}$$

$$= \frac{10\times 0 + (-10)\times(-30) + 0\times 30}{10^2 + (-10)^2 + 0^2}$$

$$= \frac{300}{200} = 1.5$$

こたえ．　回帰直線の式は　**予想体重 = 1.5 × (◯ − 160) + 60**

（Dさんの身長を入れる／身長の平均／体重の平均）

☆もしDさんの身長が、165cmなら、
予想体重 = 1.5 × (165 − 160) + 60 = 67.5kg
という予想です。

アドバイス!!

回帰直線は、両方の平均が交じわる点を必ず通ります。直線による予想と実際のデータの違いを2乗して、全部のデータについて合計します。その合計の数字がもっとも小さくなるように直線の傾きを決めています。

第3章
サンプリングって何だ？

母集団 ぼしゅうだん

本当は調査したい全体のこと。たいていは、母集団の中のデータが多すぎるので、その中から取り出したサンプルを詳しく調べて、全体の母集団の様子を予想する。
サンプルを取り出す作業をサンプリングという。
サンプルは標本(ひょうほん)、サンプリングは標本抽出(ひょうほんちゅうしゅつ)ともいう。

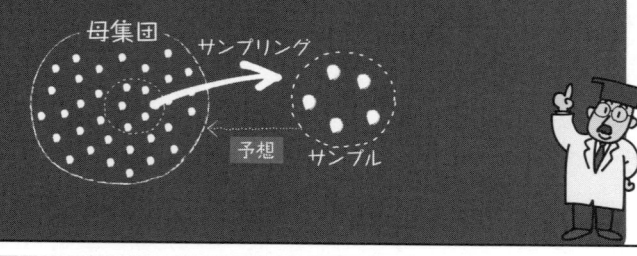

例題1 全校児童が80人のある小学校で、何人かを適当に選んでアンケート調査をすることになった。母集団は何か？

答 母集団は、全校児童80人の小学校の子ども全体です。統計の計算では、その子どもたちが持つデータの全体です。調査する人が、頭の中で考えている「本当は調べたい全体」が母集団です。

母集団は、その境界がはっきりしている必要があります。例題の場合、子どもたちは「この小学校の児童かそうでないか」という情報で区別ができます。母集団を考えるときは、その線引きができるかどうかを、いつも考えましょう。

例題2 母集団の平均・分散・標準偏差をサンプルのデータを使って計算するにはどうするか？

答

$$母集団の平均 = \frac{\overbrace{\bigcirc + \bigcirc + \cdots + \bigcirc}^{サンプルのデータの合計}}{サンプルのデータの数}$$

$$母集団の分散 = \frac{(\bigcirc - サンプルの平均)^2 + (\bigcirc - サンプルの平均)^2 + \cdots + (\bigcirc - サンプルの平均)^2}{サンプルのデータの数 - 1}$$

←1だけ少なくする

$$母集団の標準偏差 = \sqrt{母集団の分散}$$

$$= \sqrt{\frac{(\bigcirc - サンプルの平均)^2 + (\bigcirc - サンプルの平均)^2 + \cdots + (\bigcirc - サンプルの平均)^2}{サンプルのデータの数 - 1}}$$

☆分散と標準偏差では、誤差の修正のため、実際のサンプルの中のデータの数から1を引いた数で割り算します。

アドバイス!!

私たちが扱うデータは、たいていの場合、母集団からのサンプルだと考えられます。そこで、「分散」といえば、母集団の分散のことです。計算では、 データの数 − 1 で割ります。標準偏差も、分散のルートなので同じ、 データの数 − 1 を使います。

母集団

サンプルの大きさ さんぷるのおおきさ

1回のサンプリングで、母集団から取り出す1つのサンプルに含まれるデータの数。標本の大きさともいう。母集団の全部のデータを調査するなら、全数調査または悉皆調査という。このとき、サンプルの大きさは、母集団の大きさと同じになる。

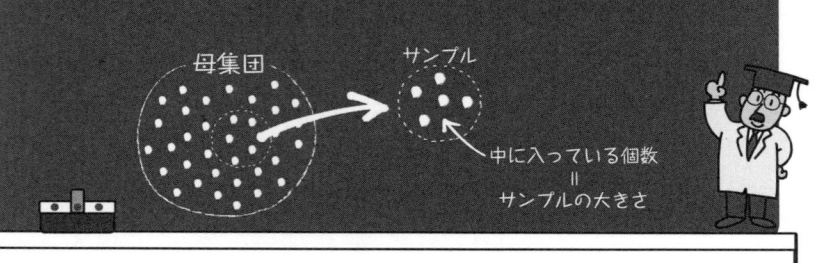

母集団 → サンプル
中に入っている個数 ＝ サンプルの大きさ

例題1　全校児童が80人のある小学校で、3人を適当に選んでアンケート調査をすることになった。サンプルの大きさはいくらか？

答　母集団の大きさが80、そして、サンプルの大きさは3です。ところが、アンケート調査などでは、有効な回答が返ってこないことがあります。そのときは、有効だった人数が、統計の計算のためのサンプルの大きさになります。

例題2 「サンプルの大きさ3のサンプリングを繰り返す」とは、どういうことか？

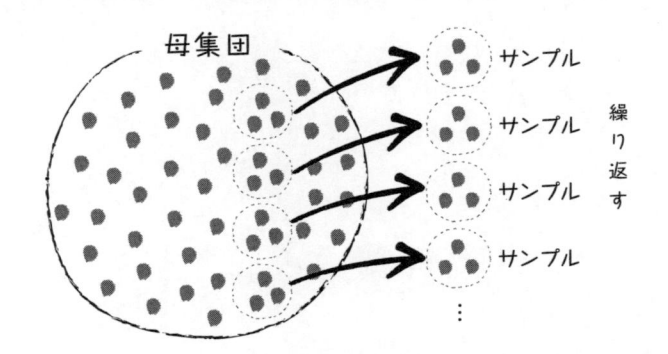

答

母集団から3個のデータを含むサンプルを取り出すサンプリングの作業を、何度も繰り返すことです。
私たちが何か調査をするときは、たいていサンプリングは1度するだけです。同じサンプルの大きさで何度もサンプリングを繰り返す、図のようなシーンを想像してください。
私たちが手に入れるサンプルは、このような繰り返しの中のたった一つなのだと考えます。

アドバイス!!

サンプルの大きさというと、サンプルのデータの数字の大きさのように感じます。サンプリングで取り出されるデータの集まりが、一つのサンプルで、その中に入っているデータの数がサンプルの大きさです。

ランダムサンプリング
無作為抽出（むさくいちゅうしゅつ）

母集団の中から、まんべんなく、みんな同じ確率で選び出されるようにするサンプリングのやり方。無作為抽出ともいう。

母集団 → サンプル

同じ確率で選ばれる可能性！

例題1 小学校で、ランダムサンプリングの方法でアンケート調査をするそうだ。どうするのだろう？

答
①まず、全校児童の名簿を用意して、全員に1から順の通し番号を付けます。
②1から最後の番号までの数字が、同じ確率で選び出される仕組みを考えます。人数が少ないとくじを作ります。たいていは、規則性のない数字が並んでいる乱数表やパソコンが作る乱数を使います。乱数とは、規則性がなく出てくる数字のことです。
③出てきた数字と同じ通し番号を持つ子どもを選びます。希望するサンプルの大きさになるまで、作業を繰り返します。

例題2 ある小学校の全校児童は80人。この中から8人を選びたいと思う。ランダムサンプリングをしなさい。

答
①全校児童の名簿を作り、通し番号を付けます。ランダムサンプリングには、必ず名簿が必要です。なければ名簿作りからはじめます。

②乱数表で、スタート場所と、読む方向を適当に決め、数字を読んでいきます。すでに出た同じ数字や通し番号にない数字は飛ばします。

```
スタート…適当に決める    80までじゃないのでとばす
    ↓                        ↓
   52  23  55  (99)  08 → 端まできたら
   22  33  01  53 ⎫ 46    次の行
   67  09  18  30  08    予定数が取れたら
   04  88  02  21  99    終わり
   38  48  80  15  95 ← 乱数表という
```

③8種類の数字、52, 23, 55, 8, 22, 33, 1, 53が決まったので、同じ通し番号を持つ子どもを選び出します。

アドバイス!!

人間が適当に思いつく数字には、とても個人的なかたよりがあります。それよりは、少しでもかたよりのないようにしようというのが乱数表です。乱数表を使って出す数字にも、パソコンの乱数にも、厳密にはかたよりがあります。完璧な乱数は不可能なので、気楽にやりましょう！

ランダムサンプリング

系統サンプリング けいとう さんぷりんぐ

母集団を1列に並べて、同じ間隔で飛び飛びに選んでいくやり方。何人あたりに1人を選べばよいかを考えて、それぞれの間隔の中で同じ位置を選ぶ。

「5人に1人」の計算になる場合

例題1　小学校で、系統サンプリングの方法でアンケート調査をするそうだ。どうするのだろう？

答
①まず、全校児童の名簿を用意して、全員に1から順の通し番号を付けます。
②何人に1人を選べばよいかという間隔を計算します。

$$間隔 = \frac{全校児童の数}{希望するサンプルの大きさ}$$　（小数点以下は切り捨てます）

③その間隔の人数でグループをつくります。
④最初のグループで、ランダムサンプリングで1人を選びます。
⑤あたった人の通し番号に、間隔の数字をつぎつぎと

足していき、その通し番号の人を選びます。
⑥選んだ通し番号の数が、希望するサンプルの大きさより多くなれば、あとからランダムサンプリングで、選ばない番号を決めて調節します。

例題2

> ある小学校の全校児童は80人。この中から8人を選びたいと思う。系統サンプリングをしなさい。

答

全校児童を1列に並べたと考えます。

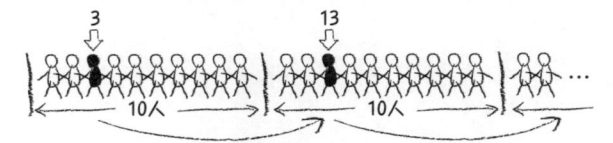

何人に1人かという間隔は、10人になります。10人ごとのグループが8個できます。
最初のグループの10人の中から、1人をランダムサンプリングします。たとえば、3があたり、3番目の人が選ばれたとします。全部のグループで、3番目の位置になる子どもをすべて選びます。
通し番号で考えると、最初の通し番号3に間隔の10を順に足していき、3、13、23、33、43、53、63、73の通し番号を持つ8人を選びます。

アドバイス!!

母集団の中の全員の名簿が必要です。間隔を出す計算は、切り捨てなので、最後の人数の少なくなるグループからも選ばれたりすると、予定の人数をオーバーすることがあります。そんなときは、すでに選ばれた中から、どれを落とすかを、ランダムサンプリングで決めます。

層別サンプリング そうべつさんぷりんぐ

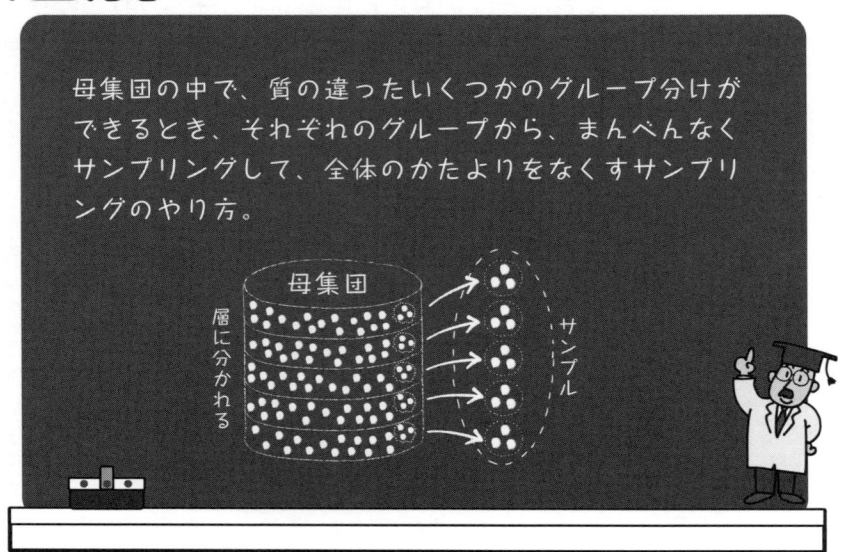

母集団の中で、質の違ったいくつかのグループ分けができるとき、それぞれのグループから、まんべんなくサンプリングして、全体のかたよりをなくすサンプリングのやり方。

例題1 小学校で、層別サンプリングの方法でアンケート調査をするそうだ。どうするのだろう？

答 アンケートの内容から考えて、アンケート結果が学年によって違ってくるように思えます。
そこで、1年生から6年生までの各学年から、まんべんなくサンプリングして、全体としてかたよりのないサンプルにしたいと考えたのです。
学年ごとに、子どもたちは似かよっていて、学年が違うと、年齢による違いもかなり出てきます。母集団の中で、たがいに似かよる人たちがあつまるグループができるとき、そのグループを層といいます。

例題2

ある小学校の全校児童は80人。この中から8人を選びたいと思う。学年による層別サンプリングをしなさい。

学　年	1年	2年	3年	4年	5年	6年
人　数	10	20	10	10	20	10

答

各学年から、まんべんなく選ばれるように考えます。人数があまり違わないようなら、同じ人数ずつ選びます。ここでは、かなり差があるので、各学年の人数に比例して、選ぶ8人を分配します。

学　年	1年	2年	3年	4年	5年	6年	合計
人　数	10	20	10	10	20	10	80
選ぶ数	1	2	1	1	2	1	8

あとは、それぞれの学年の中で、ランダムサンプリングなどをして、それぞれの学年で決めた人数を選び出します。

アドバイス!!

母集団の中の人々が持っている別の情報を使って、母集団全体を分類すると、調査の結果が、とても違うだろうと予想されることがあります。分類の一つひとつを層（そう）といい、調査する人が、調査のために作り出すこともあります。層なのですから、層の中は似かより、層ごとは違う「色」になっていることが大切です。

2段サンプリング にだんさんぷりんぐ

母集団の中に、質が同じいくつかのグループがあるとき、まずグループを選んでから、選ばれたグループの中でサンプリングするやり方。最後に選ばれた人たちは、みんな同じグループなので、何かと調査が楽になる。

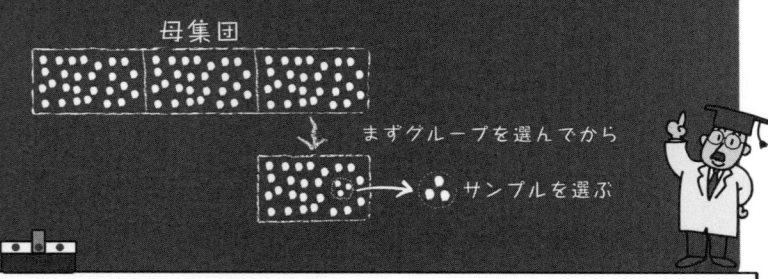

母集団

まずグループを選んでから
サンプルを選ぶ

例題1 小学校で、2段サンプリングの方法でアンケート調査をするそうだ。どうするのだろう？

答 小学校に通う子どもの住んでいる地区が、たとえば3つあるとします。まず、3地区の中のどの地区で調査するのか、1つを選びます。さらに、選ばれた地区の中で、アンケートをお願いする子どものサンプリングをします。
最初から、子どものサンプリングをしないで、地区というグループを選ぶのです。選ばれた子どもたちは、みんな同じ地域なので、訪問調査をする場合も便利です。

例題2

ある小学校の全校児童は80人。この中から8人を選びたいと思う。地区別による2段サンプリングをしなさい。

地　区	A地区	B地区	C地区
人　数	40	30	10

答

まず、地区を選びます。そのため、地区別に子どもたちが、1列に並んでいるシーンを考えます。

前から順番に！　　　　　41番
　　　　　　A地区　　　　↓　　　B地区　　　　C地区
　　　　　└──40人──┴──30人──┴─10人─┘

ここで、乱数表などを使って、1から80までの数字の中から1つを出します。たとえば、41という数字が出たとしましょう。そして、並んだ子どもたちの前から41番目はどこの地区の子どもになるかを考えます。
B地区のようです。
そこで、B地区を調査地区に選びます。こうすると、地区の人数に比例した確率で地区が当たります。B地区と決まったので、あとはB地区の30人の中で、ランダムサンプリングなどをして、8人を選びます。

アドバイス!!

どのグループを選んでも、調査結果にあまり違いはないだろうと予想されることが前提です。調査する地区を限定すれば、調査するほうの人が、名簿をつくる作業でも、実際に訪問する必要がある場合でも、楽になります。

中心極限定理 ちゅうしんきょくげんていり

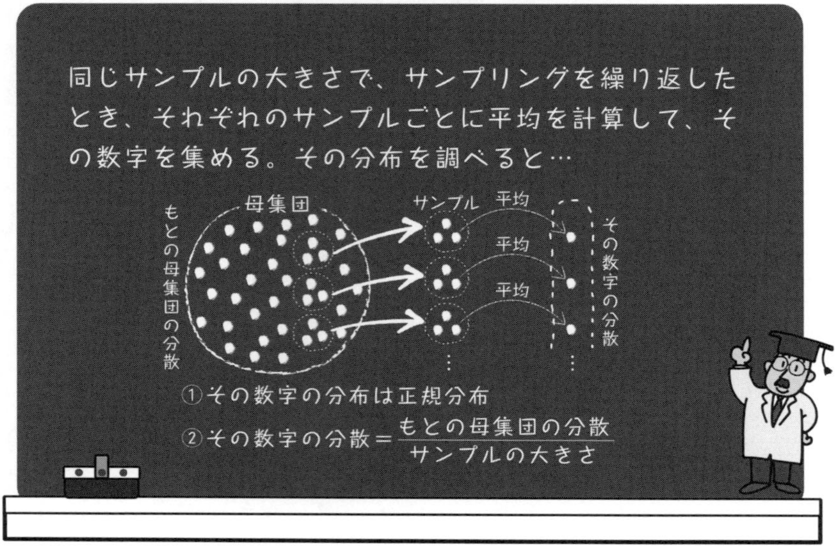

上級者用

> 同じサンプルの大きさで、サンプリングを繰り返したとき、それぞれのサンプルごとに平均を計算して、その数字を集める。その分布を調べると…
>
> ① その数字の分布は正規分布
> ② その数字の分散 = $\dfrac{\text{もとの母集団の分散}}{\text{サンプルの大きさ}}$

例題1

クラス全体の体重の平均を調べるため、サンプルの大きさ3でサンプリングした。しかし自信がなく、結局、同じサンプリングを5回繰り返してみた。
この結果から、中心極限定理で何かわかるか？

サンプルの大きさ3でサンプリング5回

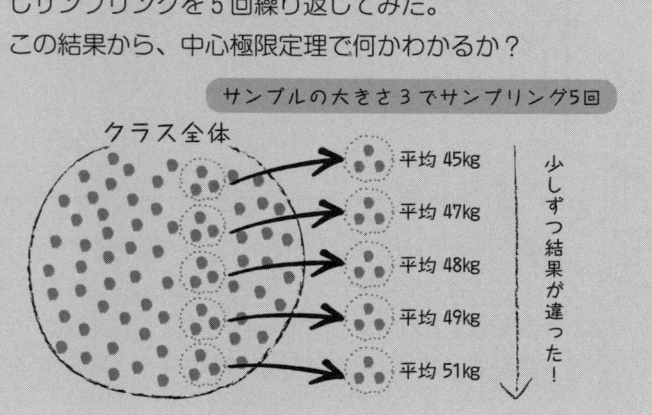

クラス全体 → 平均 45kg
→ 平均 47kg
→ 平均 48kg
→ 平均 49kg
→ 平均 51kg

少しずつ結果が違った！

答 サンプルの大きさ3で、サンプリングを繰り返していくと、毎回ごとに、サンプルの平均を計算できます。中心極限定理は、サンプルの平均を集めてヒストグラムを作ると、正規分布の形になるといっています。
また、集めたサンプルの平均の数字の分散を考えると、

$$\text{サンプルの平均の分散} = \frac{\text{母集団の分散（クラス全体の分散）}}{\text{サンプルの大きさ（今は3）}}$$

という関係があるというのです。変形すると…

$$\text{母集団の分散} = \text{サンプルの平均の分散} \times \text{サンプルの大きさ}$$

今は、サンプルの平均が、45、47、48、49、51で、その平均は、48ですから、

$$\text{サンプルの平均の分散} = \frac{(45-48)^2+(47-48)^2+(48-48)^2+(49-48)^2+(51-48)^2}{4} \leftarrow \text{データの数}-1$$

$$= \frac{(-3)^2+(-1)^2+0^2+1^2+3^2}{4} = \frac{20}{4} = 5$$

そして、サンプルの大きさ＝3です。そこで…

母集団の分散 ＝ 5 × 3 ＝ 15
（サンプルの平均の分散）（サンプルの大きさ）

と言う計算で、母集団の分散が予想できてしまいます。

アドバイス!! 中心極限定理は、統計学の「ニュートンの万有引力の法則」のようなもので、この定理が成り立つと考えて、数多くの統計の理論が出来上がっています。

上級者用

自由度 じゅうど

サンプルから母集団の様子を、正確に予想するために、計算式の中で、本当の個数の代わりに使う仮の個数のこと。
たとえば、分散の計算で、 データの数 の代わりに使う データの数－1 が自由度。

本当の個数
データの数 ——代わりに使う→ 自由度
データの数－1

例題1 分散を計算するとき、なぜ データの数 の代わりに データの数－1 を使うのか説明しなさい。

答 分散のオリジナル式は、

$$\text{分散} = \frac{(\bigcirc - \text{平均})^2 + \cdots}{\text{データの数}}$$

です。

母集団の分散を、サンプルから予想するとき、母集団の平均は当然わからないのですから、サンプルの平均で代用します。

$$\frac{(\bigcirc - \text{母集団の平均})^2 + \cdots}{\text{データの数}} \underset{\text{かわりに}}{\Rightarrow} \frac{(\bigcirc - \text{サンプルの平均})^2 + \cdots}{\text{データの数}}$$

注目

しかし、このままでは誤差が出ます。

サンプルの平均は、サンプリングのたびに変わるからです。どの程度、サンプルの平均がサンプリングのたびに変化するかは、中心極限定理からわかります。

$$\text{サンプルの平均の分散} = \frac{\text{母集団の分散}}{\text{データの数(サンプルの大きさ)}}$$

この分だけ誤差が出ると考えて、

$$\text{母集団の分散} = \frac{(\bigcirc - \text{サンプルの平均})^2 + \cdots}{\text{データの数}} + \underbrace{\frac{\text{母集団の分散}}{\text{データの数}}}_{\text{サンプルの平均の分散 / 誤差の分}}$$

「誤差の分」を左に移し、「データの数」を分母にして、「母集団の分散」でくくると、

$$\frac{\text{データの数} - 1}{\text{データの数}} \times \text{母集団の分散} = \frac{(\bigcirc - \text{サンプルの平均})^2 + \cdots}{\text{データの数}}$$

母集団の分散＝に変形すると、「データの数」が消え、

$$\text{母集団の分散} = \frac{\cancel{\text{データの数}}}{\text{データの数} - 1} \times \frac{(\bigcirc - \text{サンプルの平均})^2 + \cdots}{\cancel{\text{データの数}}}$$

$$= \frac{(\bigcirc - \text{サンプルの平均})^2 + \cdots}{\text{データの数} - 1}$$

つまり、サンプルの平均を母集団の平均の代わりに使うときは、 データの数 − 1 を使えばよいのです。

> **アドバイス!!**
>
> 母集団の様子を正確に予想するために、修正された個数。それが自由度です。

第4章
検定で確かめよう！

仮説検定 かせつけんてい

ある説が正しいことを証明したいとき、まず、そのある説と反対の説を前提にしてみる。すると現在起きていることがらは、とてもめずらしいことが起きていることになってしまうので、やっぱり、はじめの説が正しいとする証明のやり方。

仮説 → 反対の仮説 → おかしい!! → やっぱりはじめ

例題1 先生の人気投票をした。結果から、先生の人気はみんな同じでなく、かたよりがあると証明したい。仮説検定の流れを説明しなさい。

答 まず、アンケート結果を見てみよう

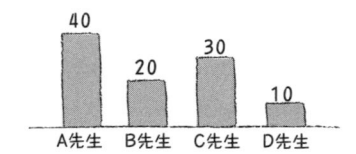

A先生 40 / B先生 20 / C先生 30 / D先生 10

A先生が一番人気のように思えます。でも、もう一度アンケートをやりなおせば、また違った結果になるかもしれません。そこで、本当は「先生の人気度は同じ」と仮定してみます。そして、現在起きているこの結果は、タマタマの結果と考えます。

第4章 検定で確かめよう！

本当はこう / こうなる確率は?? / 今回タマタマ

| 25 | 25 | 25 | 25 |
| A先生 | B先生 | C先生 | D先生 |

→

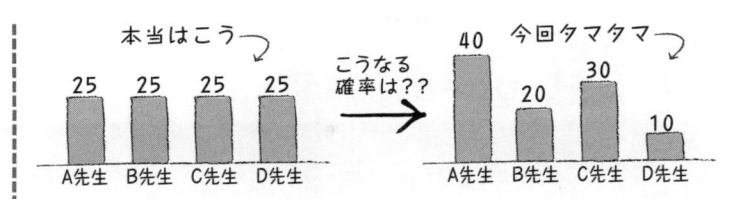

| 40 | 20 | 30 | 10 |
| A先生 | B先生 | C先生 | D先生 |

人気が同じで、アンケートの取り方で、こんな風にアンバランスになってしまうことは、どれほどの確率で起きることなのでしょうか？

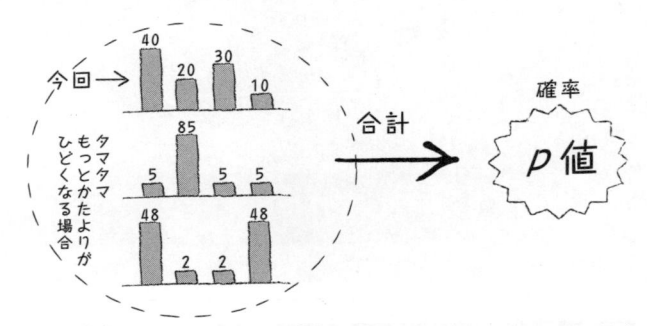

今回→ 40, 20, 30, 10

タマタマもっとかたよりがひどくなる場合: 5, 85, 5, 5 / 48, 2, 2, 48

合計 → 確率 p 値

今回を含めて、今回よりひどいかたよりの起きる場合の確率を全部合計した確率を計算して、p値と名づけます。p値は、「人気が同じ」と仮定した場合、タマタマ今回よりひどいかたよりになるケースの確率の合計です。このp値が、5％以下なら、「先生の人気度は同じ」の前提をやめます。「同じでない＝かたよりあり」とします。もし5％以下なら予定通りです。p値が5％をこえるなら、疑わしいけど結論は出ないままです。

アドバイス!!

もともと「かたよりあり」を説明したいのですから、5％以下のめずらしい状態だと判定されないと困ります。5％をこえると結論はおあずけです。

仮説検定

p値 ぴぃーち

現在の状態と、現在よりもめずらしい状態が起きる確率の合計。仮説検定の中で現在起きている結果が、どの程度のめずらしさで起きるケースなのか知るために利用。

現在の結果 → どのくらいめずらしい？ → p値

例題1 先生の人気投票をした。もし本当は、先生の人気にかたよりはなく、人気度は同じだとすれば、タマタマこのような結果になるのはどのくらいめずらしいことか？ p値を出すやり方を説明しなさい。

答

先生	A	B	C	D
度数	25	25	25	25

本当は「かたよりなし」とすれば、こんな分布のはずです。

先生	A	B	C	D
度数	40	20	30	10

それが今回のアンケート結果では、タマタマこうなったと考えます。

本当は同じ人気なら、アンケートを何回かやりなおせば、きっちり25人ずつになることはあまりないにしても、ソコソコ、25人に近い数字になることが多いはずです。

そこで現在起きているギャップを一つの数字で表わします。

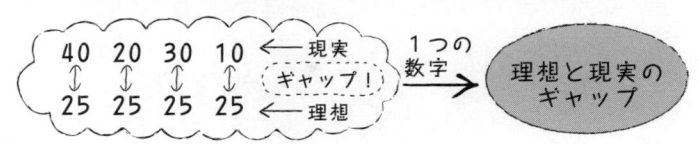

```
  40  20  30  10  ←現実
  ↕   ↕   ↕   ↕   ギャップ！   1つの数字 →  理想と現実のギャップ
  25  25  25  25  ←理想
```

この「理想と現実のギャップ」を表わす数字は、検定によって名前が違います。

検定の名前	ギャップを表わす数字	その記号
カイ2乗検定	カイ2乗値	χ^2
t 検定	t 値	t
分散分析	F 値	F

「理想と現実のギャップ」はそれぞれの検定で、カイ2乗値、t 値、F 値として、計算されます。

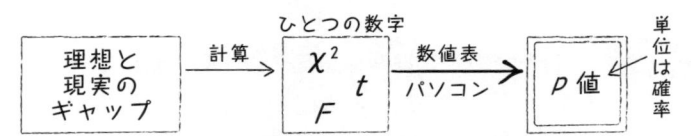

```
理想と現実のギャップ →計算→ ひとつの数字 χ² t F →数値表 パソコン→ p値  単位は確率
```

最後に、それらの数字を、数値表やパソコンなどを使って、p 値に変えて考えます。

> **アドバイス!!**
>
> p 値は、現実のアンケート結果が、どの程度めずらしいかを確率の単位で表わしたものです。実際には、めずらしさの程度は、まずカイ2乗値、t 値、F 値などになり、それから p 値になります。

有意水準 ゆういすいじゅん

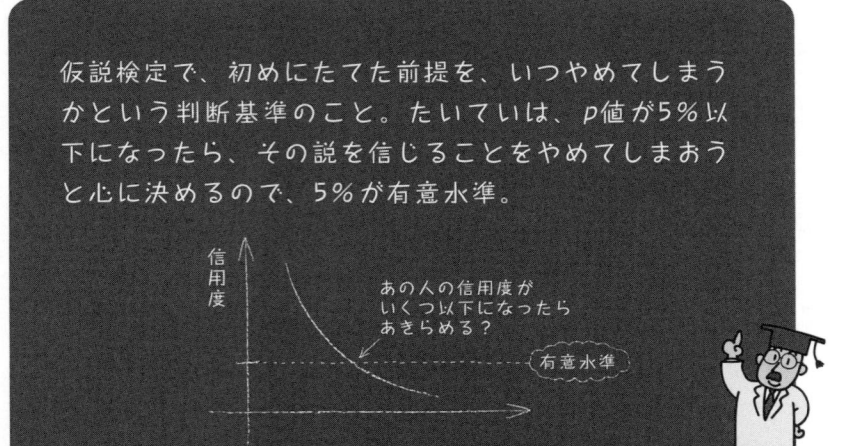

仮説検定で、初めにたてた前提を、いつやめてしまうかという判断基準のこと。たいていは、p値が5％以下になったら、その説を信じることをやめてしまおうと心に決めるので、5％が有意水準。

あの人の信用度がいくつ以下になったらあきらめる？

有意水準

例題1 先生の人気投票をした。先生の人気にかたよりがあることを証明したい。仮説検定の中で、有意水準を5％にするというのは、どういうことか？

答 アンケート結果はこうだった。

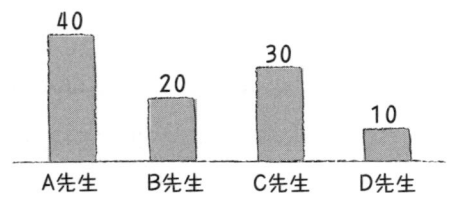

A先生 40
B先生 20
C先生 30
D先生 10

まず、本当は先生の人気にはかたよりなんてなくて、同じなんだけど、今回のアンケートではタマタマこうなったと考える。

では、そのタマタマというのは、どれくらいの確率で起きることなのだろうか？
もっとひどいかたよりの結果がでる場合も合わせて、このような程度以上のかたよりができる場合の確率を合計したのがp値です。

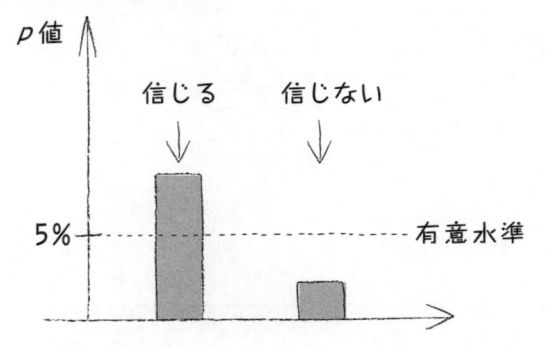

```
 p値↑
         信じる    信じない
           ↓        ↓

        ┌───┐
        │   │
        │   │
 5%─ ─ ─│   │─ ─ ─ ─ ─ ─ ─ ─ ─ ─ 有意水準
        │   │         ┌─┐
        │   │         │ │        →
```

p値を計算した結果、5％以下になるなら、前提にした「先生の人気は同じ」という説を信じるのをやめます。有意水準より、p値が大きければ、「先生の人気は同じ」説は、生きたままです。7％でも、まあ確率は小さいけど、ありうることだと信じるのを続けます。

どこまでなら信じ続けるかという境界が有意水準です。

アドバイス!!

有意水準は、検定をする前に、私たちが自分で自由に決めるものです。世の中で5％が選ばれることが多いので、そうすることが多いだけです。

有意水準

カイ2乗検定 かいにじょうけんてい

度数分布など、カウントについての検定に使われる。現在起きていることがらのめずらしさの程度を、カイ2乗値で計算するのでこの名前がある。あとで、カイ2乗値をp値になおして判定する。

$$カイ2乗値 = \frac{(現実-理想)^2}{理想のカウント} \text{ の合計}$$

☆カイ2乗はχ^2とよく書く

例題1 先生の人気投票をした。先生の人気は同じでなく、かたよりがあるといえるか？

先生	A	B	C	D
度数	40	20	30	10

答

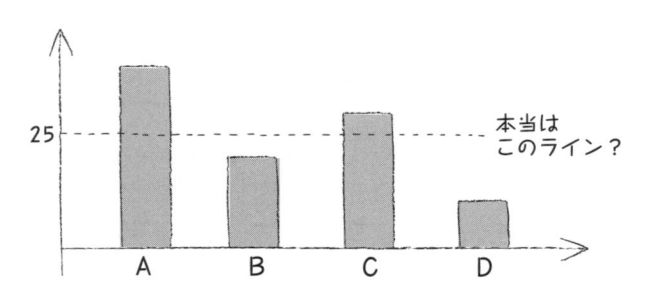

本当はこのライン？

まず、本当は先生の人気には差がないのだと考えます。
すると、全部で100人のアンケートですから、

先生	A	B	C	D
度数	25	25	25	25

となるはずです。

ここで理想と現実のギャップを考えます。

	A	B	C	D
現　実	40	20	30	10
ギャップ	+15	−5	+5	−15
理　想	25	25	25	25

この理想と現実のギャップをカイ2乗値で表わします。
カイ2乗値は、それぞれの先生で

$\dfrac{ギャップの2乗}{理想のカウント}$ を計算して合計したものです。

$$カイ2乗値 = \frac{(40 - 25)^2}{25} + \frac{(20 - 25)^2}{25}$$

$$+ \frac{(30 - 25)^2}{25} + \frac{(10 - 25)^2}{25}$$

$$= \frac{15^2}{25} + \frac{(-5)^2}{25} + \frac{5^2}{25} + \frac{(-15)^2}{25}$$

$$= 9 + 1 + 1 + 9$$

$$= 20$$

カイ2乗値が20。これが理想と現実のギャップを表わす数字です。

続いて、カイ2乗値が20になるようなことは、どの程度のめずらしさで発生するものか、p値で表わすことを考えます。

```
┌─────────┐      ┌─────────┐
│ カイ2乗値 │  →  │  p値    │
│   20    │      │   ?     │
└─────────┘      └─────────┘
```

これには、数値表を使います。

自由度	カイ2乗値
1	3.84
2	5.99
3	7.81
4	9.49
5	11.07
6	12.59
7	14.07
8	15.51
9	16.92
10	18.31

← ココを見ます
カイ2乗値が7.81のとき
p値がピッタリ5％！

この表は、p値が5％になるのは、カイ2乗値がいつのときかが書いてあります。

では、表の中の自由度とは何でしょう？

今、この検定で比べている先生の数は4人です。でも私たちはアンケート結果というひとつのサンプルで計算していますから、本当の母集団の様子に近くするために、1をひいた仮の人数4－1＝3を使い、自由度と名づけます。

そこで、表の中で自由度3のところを見ます。自由度が違うと、ピッタリp値が5％になるカイ2乗値は違うのです。つまりこうです。

自由度3のとき… | カイ2乗値 7.81 | → | p値 5％=0.05 |

ところが私たちが知りたいのは、カイ2乗値が20のときのp値です。

	カイ2乗値	p値	
大きい↓	7.81	0.05	小さい↓
	20	?	

理想と現実のギャップが大きくなると、カイ2乗値も大きくなります。しかし、理想と現実のギャップが大きくなれば、そんなことになる確率も小さくなり、p値も小さくなります。

そこで、20は7.81より大きいので、20のときのp値は正確にはいくつかわからないけれど、0.05つまり5％よりは小さいことだけはわかります。

p値が5％より小さい、とてもめずらしいことが、目の前のアンケート結果で起きていることになります。

そこで、前提にした「先生の人気は同じ」を信じるのをやめ、「先生の人気は同じでなく、かたよりがある」と結論します。

アドバイス!!

パソコンを使えば、カイ2乗値からp値を直接計算できます。例題のp値は、約0.00017とでます。5％より小さいことが、ダイレクトにわかります。やり方は、第5章です！

1サンプルの t 検定

いちさんぷるの
てぃーけんてい

上級者用

母集団の平均だけが、なぜかわかっているとき、手元のサンプルが、その母集団に普通に含まれるものかどうか、そのサンプルの平均と比較して判定。

$$t = \frac{サンプルの平均 - 母集団の平均}{\sqrt{\dfrac{分散}{サンプルの大きさ}}}$$

分散 ← データの数-1でサンプルから予想

サンプルの平均の分散

☆自由度＝サンプルの大きさ－1

例題1　優秀な3人組とうわさの3人。今回の実力テストはそれぞれ93点、87点、90点だった。全国平均は80点らしい。この3人は、ちょっと特別なグループと、本当にいえるだろうか？

答

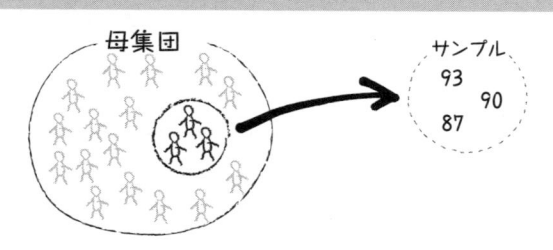

母集団

サンプル
93
90
87

3人は、平均80点の母集団から取られたサンプルの大きさ3の1つのサンプルだと考えます。そして、そんなに平均がよいグループが選ばれるのはどんなにめずらしいことなのか考えます。

第4章　検定で確かめよう！

まず、3人の平均点を計算すると

$$\text{サンプルの平均} = \frac{93+87+90}{3} = 90$$

（3 ← データの数）

母集団の平均が80点ですから、サンプルの平均も普通なら80点近くが多いはずです。

サンプルの平均－母集団の平均＝90－80＝10

この差ができるのがどれだけめずらしいことかを考えます。それにはサンプルの平均は、サンプリングのたびにどのくらい変わるものかという数字が必要です。

$$「サンプルの平均」の分散 = \frac{母集団の分散}{サンプルの大きさ}$$

という関係があります。（→中心極限定理）
母集団の分散はわからないので、サンプルから予測します。

$$母集団の分散 = \frac{(93-90)^2 + (87-90)^2 + (90-90)^2}{2}$$

（2 ← データの数-1）

$$= \frac{3^2 + (-3)^2 + 0^2}{2} = 9$$

$$「サンプルの平均」の分散 = \frac{9}{3} = 3$$

（9 ← 母集団の分散、3 ← サンプルの大きさ）

$$「サンプルの平均」の標準偏差 = \sqrt{3}$$

サンプルの平均と母集団の平均の差が、この標準偏差の何倍になっているのかを計算して、t値と名づけます。

$$t = \frac{\text{サンプルの平均}-\text{母集団の平均}}{\sqrt{\frac{\text{分散}}{\text{サンプルの大きさ}}}} = \frac{90-80}{\sqrt{\frac{9}{3}}} = \frac{10}{\sqrt{3}} = \frac{10}{1.732\cdots} = 5.77\cdots$$

続いて、t値が5.77…になるようなことは、どの程度のめずらしさで発生するものか、p値という確率で表わすことにします。

t値 5.77… → p値 ？

これには、数値表を使います。

自由度	t値
1	12.706
2	4.303
3	3.182
4	2.776
5	2.571
6	2.447
7	2.365
8	2.306
9	2.262
10	2.228

← ココを見ます
t値が4.303のとき
p値がピッタリ5％！

この表はp値が5％になるのは、t値がいつのときかが書いてあります。では、表の中の自由度とは何でしょう？

今、この検定で、サンプルは1つで、サンプルの大きさは3です。でも私たちは、サンプルから予測していますので、精度をあげるため、1をひいた 3－1＝2 を仮の個数として使い、自由度と名づけます。

そこで表の中で自由度2のところを見ます。自由度が違うと、ピッタリp値が5％になるt値は違うのです。つまりこうです。

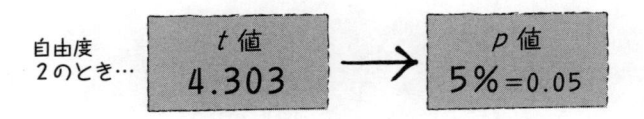

自由度2のとき… | t値 4.303 | → | p値 5％=0.05

ところが私たちが知りたいのは、t値が5.77…のときのp値です。

t値	p値
4.303	0.05
5.77…	?

(大きい ↓)　(小さい ↓)

「優秀な3人」の平均点がもっと高ければ、t値を計算する式の中で、(サンプルの平均−母集団の平均)が大きくなって、t値は分散が同じなら、もっと大きくなります。しかしそんな確率はますます小さくなるでしょうから、t値が大きいとp値は小さくなります。今は、t値が5.77…なので、4.303より大きいわけです。だからp値は、正確な数字はわからないけれども、0.05＝5％より小さいことだけは確かです。

そこで、前提にした「母集団から普通に選ばれた3人」という考えをやめ、確かに「3人はちょっと特別なグループ」と結論します。

アドバイス!!

パソコンでp値を計算すると、約0.0287となり、5％より小さいとハッキリわかります。

対応のあるサンプルの t 検定

上級者用

たいおうのある さんぷるのてぃーけんてい

同じ人々が、「あること」をして、前後での変化が起きたかどうかを判定。意味のある差が起きたとわかれば、「あること」の効果が証明できたことになる。平均を使って調べる。

$$t = \frac{\text{前後の差の平均} - 0}{\sqrt{\dfrac{\text{前後の差の分散}}{\text{前後の差の数}}}}$$

基準：差なし

☆自由度＝前後の差の数－1

例題1

あるダイエット法は、とてもよく効くと評判だ。そこで、3人に試してもらった。このダイエット法は本当に効果があるといえるか？

名前	ダイエット前	ダイエット後	前後の差（前－後）
Aさん	58kg	55kg	58－55＝ 3 kg
Bさん	60kg	56kg	60－56＝ 4 kg
Cさん	62kg	57kg	62－57＝ 5 kg

答

結果のデータは、58、60、62、55、56、57の6つあります。しかし、たとえば一番上の58kgと55kgのデータは、どちらもAさんのものというペアの対応があります。そこで、同じ人やモノの前後をはかるタイプの t 検定を、「対応のあるサンプルのt検定」ということにします。

本当は、「ダイエット効果あり」と証明したいのに、まず、「ダイエット効果なし」の前提で話を進めます。ダイエットに全く効果がないのなら、ダイエットの「前後の差」の平均はゼロになることが多いはずです。しかし実験では、

$$「前後の差」の平均 = \frac{3+4+5}{3} = 4 \text{ kg}$$

もあります。ここで、中心極限定理から、

$$「前後の差の平均」の分散 = \frac{「前後の差」の分散}{「前後の差」の数}$$

$$= \frac{\overbrace{\frac{(3-4)^2+(4-4)^2+(5-4)^2}{2}}^{前後の差の分散}}{\underbrace{3}_{前後の差の数}}$$

$$= \frac{1}{3}$$

つまり、「前後の差の平均」は、本来 0 になるはずが、4 になり、その分散は $\frac{1}{3}$ です。

そこで、その標準偏差は、

$$「前後の差の平均」の標準偏差 = \sqrt{\frac{1}{3}} = 0.577\cdots$$

0 と 4 の差が、この標準偏差の何倍になっているかという数字を計算して、t 値と名づけます。

$$t = \frac{前後の差の平均 - 0}{\underbrace{\sqrt{\frac{前後の差の分散}{前後の差のデータの数}}}_{\substack{「前後の差の平均」\\の標準偏差 \\ \sqrt{\frac{1}{3}}=0.577\cdots}}}$$

$$= \frac{4-0}{0.577\cdots} = 6.928\cdots$$

対応のあるサンプルの t 検定

続いて、t値が6.928…になるようなことは、どの程度のめずらしさで起きるものか、p値という確率で表わすことにします。

$$t値\ 6.928\cdots \longrightarrow p値\ ?$$

これには、数値表を使います。

自由度	t値
1	12.706
2	4.303
3	3.182
4	2.776
5	2.571
6	2.447
7	2.365
8	2.306
9	2.262
10	2.228

← ココを見ます
t値が4.303のとき
p値がピッタリ5％！

この表はp値が5％になるのは、t値がいつのときかが、書いてあります。

では表の中の自由度とは何でしょう？

今、この検定で、全データは6つありました。しかし、2つずつがペアになり、私たちは「前後の差」というデータ「3、4、5」だけを分析していますので、データの個数は3です。そこで、仮の個数である自由度は3－1＝2です。

そこで表の中で自由度2のところを見ます。

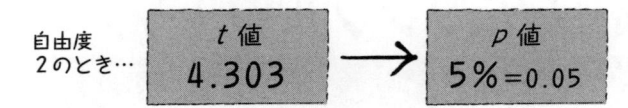

自由度2のとき… t値 4.303 → p値 5%=0.05

ところが私たちが知りたいのは、t値が6.928…のときのp値です。

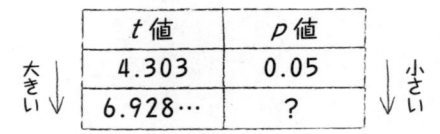

t値	p値
4.303	0.05
6.928…	?

大きい↓　　　　　　小さい↓

t値が大きくなるということは、分散が同じなら、前後の差の平均が0よりもはるかに大きくなることです。そんな確率は小さくなるので、p値も小さくなります。
t値が6.928…は、4.303より大きいので、そのときのp値は、正確な数字はわからないけれど、とにかく0.05よりは小さいはずです。
p値が5%より小さいことがわかったので、「ダイエットに効果なし」の前提をやめて、「ダイエットに効果あり」と結論します。

アドバイス!!

ペアのデータの差を計算してしまって、「前後の差」を新しいデータと考えると、「対応のあるサンプルのt検定」は、「1サンプルのt検定」と同じになります。このとき母集団の平均を0と考えています。パソコンでp値を計算すると、約0.020で約2%となり、5%より小さいとハッキリわかります。

独立したサンプルのt検定

2つのグループに人々を分けて、別々のことをさせる。2つのグループに差ができるか、グループの平均を比べて判定する。

$$t = \frac{\text{グループAの平均} - \text{グループBの平均}}{\sqrt{\dfrac{\text{平均的な分散}}{\text{グループAの大きさ}} + \dfrac{\text{平均的な分散}}{\text{グループBの大きさ}}}}$$

☆自由度＝（グループAの大きさ－1）＋（グループBの大きさ－1）

例題1

あるダイエット法は、とてもよく効くと評判だ。そこで6人を、3人ずつ2つのグループに分けて実験した。グループAの3人には、そのダイエットをしてもらい、グループBの3人には、何もしてもらわなかった。
前後を比較し、体重が減った量をデータにした。
このダイエット法は、効果ありといえるか？

グループ名	ダイエット	減った量（各3人）	減った量の平均
A	あり	3 kg, 4 kg, 5 kg	4 kg
B	なし	0 kg, 1 kg, 2 kg	1 kg

答 条件が違うと、2つのグループで差ができるかどうかを調べます。

まず、前提としてグループの間に「差がない」とします。そして、目の前の実験結果で起きた差は、偶然と考え、その偶然の程度を、p値で表わし、もし5%以下とわかれば、前提をやめ、「差がある」とするのです。

現在起きている差を、t値で表わすことを考えます。

まず、各グループの分散を計算します。

$$\text{グループAの分散} = \frac{(3-4)^2+(4-4)^2+(5-4)^2}{2 \leftarrow \text{グループAの大きさ}-1} = 1$$

$$\text{グループBの分散} = \frac{(0-1)^2+(1-1)^2+(2-1)^2}{2 \leftarrow \text{グループBの大きさ}-1} = 1$$

そして、2つのグループの平均的な分散を、自由度の重みをつけて計算します。この「平均的な分散」のことを、プールされた分散といいます。

$$\text{平均的な分散} = \frac{\text{グループAの分散} \times (\text{グループAの大きさ}-1) + \text{グループBの分散} \times (\text{グループBの大きさ}-1)}{(\text{グループAの大きさ}-1) + (\text{グループBの大きさ}-1)}$$

$$= \frac{1 \times (3-1) + 1 \times (3-1)}{(3-1)+(3-1)} = 1$$

この「平均的な分散」を使って、「グループAの平均」の分散と、「グループBの平均」の分散を計算します。

$$\text{グループAの平均の分散} = \frac{\text{平均的な分散}}{\text{グループAの大きさ}} = \frac{1}{3}$$

$$\text{グループBの平均の分散} = \frac{\text{平均的な分散}}{\text{グループBの大きさ}} = \frac{1}{3}$$

独立したサンプルの t 検定

「グループAの平均ーグループBの平均」の分散は、この2つの分散の合計だと考えます。両方の変化が重なるからです。

$$\text{「グループAの平均-グループBの平均」の分散} = \frac{\text{平均的な分散}}{\text{グループAの大きさ}} + \frac{\text{平均的な分散}}{\text{グループBの大きさ}}$$

そして、分散の平方根（ルート）が標準偏差なので、

$$\text{「グループAの平均-グループBの平均」の標準偏差} = \sqrt{\frac{\text{平均的な分散}}{\text{グループAの大きさ}} + \frac{\text{平均的な分散}}{\text{グループBの大きさ}}}$$

現在起きている「グループAの平均ーグループBの平均」というグループ間の差は、本来0です。これが標準偏差の何倍になっているかを考えて、t 値と名づけます。実際のデータで計算してみましょう。

$$t = \frac{(\text{グループAの平均} - \text{グループBの平均}) - 0 \;\;\leftarrow\text{本来}}{\sqrt{\dfrac{\text{平均的な分散}}{\text{グループAの大きさ}} + \dfrac{\text{平均的な分散}}{\text{グループBの大きさ}}}}$$

$$= \frac{4-1}{\sqrt{\dfrac{1}{3} + \dfrac{1}{3}}}$$

$$= \frac{3}{\sqrt{\dfrac{2}{3}}} = \frac{3}{\dfrac{\sqrt{2}}{\sqrt{3}}} = 3.67\cdots$$

t値が3.67…とわかったので、p値になおそうと考えて、数値表を使います。

自由度	t値
1	12.706
2	4.303
3	3.182
4	2.776
5	2.571
6	2.447
7	2.365
8	2.306
9	2.262
10	2.228

← ココを見ます
t値が2.776のとき
p値がピッタリ5％！

自由度は、グループAで、グループAの大きさ－1、グループBで、グループBの大きさ－1です。全体として、

　自由度＝（グループAの大きさ－1）＋（グループBの大きさ－1）
　　　　＝（3－1）＋（3－1）＝**4**

自由度4で、$t=3.67$…なら、ちょうど5％になる$t=2.776$よりも大きいので、p値は5％以下とわかります。
そこで、2つのグループに「差はない」という前提をやめて、グループに「差がある」とします。
2つに差があるので、なぜそんな差が起きたのか考えると、ダイエットの「あるなし」しか考えられません。そこで、「ダイエットに効果あり」と結論します。

アドバイス!!

同じ人が、前後で実験する場合は、「対応のあるサンプルのt検定」で、2グループに分けて実験する場合は、「独立したサンプルのt検定」です。パソコンで計算すると、$t=3.67$…、自由度4で、$p=0.021$…になります。

一元配置の分散分析

いちげんはいちの
ぶんさんぶんせき

上級者用

3つ以上のグループに人々を分けて、別々のことをさせる。変化させた条件の違いで、結果が違ってくるかを判定。意味のある差が出れば、その条件を変えることで、結果が変わることの証明になる。判定に、分散を使うのでこの名前がある。変える条件の種類が一種類なので、一元配置という。

$$F = \frac{グループの平均の違いから予想した母集団の分散}{サンプルの分散から予想した母集団の分散}$$

☆ 分子の自由度＝グループの数－1
　分母の自由度＝（サンプルの中のデータの数－1）×グループの数

例題1

先生によって、教え方に違いがあるのか知りたいと思った。そこで15人を5人ずつ、3つのグループに分けて、それぞれ別々の先生が教えたあとで、10点満点のテストをした。先生によって差があるといえるか？

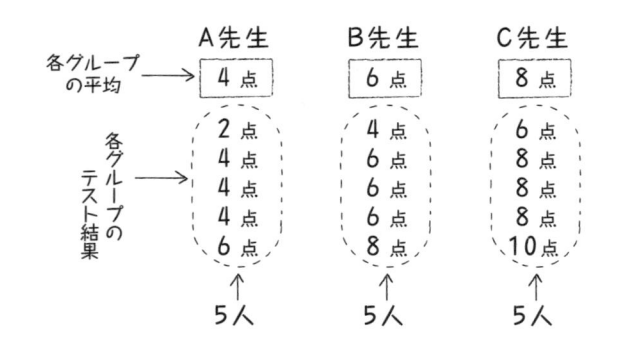

	A先生	B先生	C先生
各グループの平均	4点	6点	8点
各グループのテスト結果	2点 4点 4点 4点 6点	4点 6点 6点 6点 8点	6点 8点 8点 8点 10点
	↑5人	↑5人	↑5人

答 まず、先生によって「差はない」という前提にたちます。するとこの実験は、サンプルの大きさ5で、サンプリングを3回繰り返した結果と考えられます。

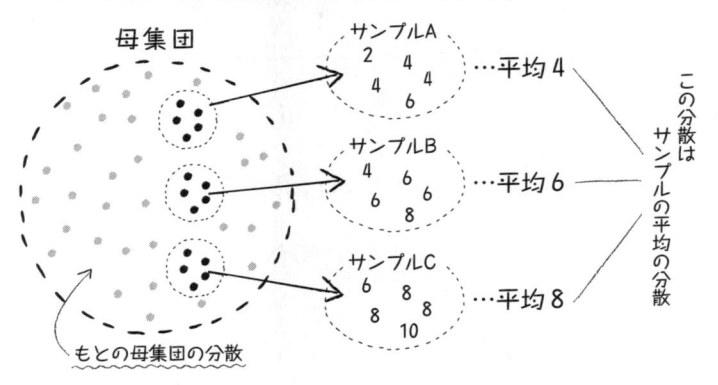

母集団 → サンプルA { 2, 4, 4, 4, 6 } …平均4
母集団 → サンプルB { 4, 6, 6, 6, 8 } …平均6
母集団 → サンプルC { 6, 8, 8, 8, 10 } …平均8

この分散はサンプルの平均の分散

もとの母集団の分散

ここで、「もとの母集団の分散」を2通りのやり方で予想してみます。

[1] サンプルごとの分散を計算して平均した予想

$$\text{サンプルAの分散} = \frac{(2-4)^2+(4-4)^2+(4-4)^2+(4-4)^2+(6-4)^2}{4 \leftarrow \text{データの数}-1} = 2$$

$$\text{サンプルBの分散} = \frac{(4-6)^2+(6-6)^2+(6-6)^2+(6-6)^2+(8-6)^2}{4 \leftarrow \text{データの数}-1} = 2$$

$$\text{サンプルCの分散} = \frac{(6-8)^2+(8-8)^2+(8-8)^2+(8-8)^2+(10-8)^2}{4 \leftarrow \text{データの数}-1} = 2$$

それぞれは「もとの母集団の分散」を予測したものです。そこでこれらの平均は、さらに精度の高い予想です。

$$\text{もとの母集団の分散予想} = \frac{\text{サンプルAの分散}+\text{サンプルBの分散}+\text{サンプルCの分散}}{3}$$

$$= \frac{2+2+2}{3} = 2$$

一元配置の分散分析

[2] サンプルの平均の違いから予想
「サンプルの平均」は、それぞれ4点、6点、8点です。

$$\text{サンプルの平均の分散} = \frac{(4-6)^2 + (6-6)^2 + (8-6)^2}{2}$$

（6 は 4, 6, 8 の平均／2 は「4, 6, 8」のデータの数−1）

$$= \frac{8}{2} = 4$$

中心極限定理から次の関係があります。

$$\text{サンプルの平均の分散} = \frac{\text{もとの母集団の分散}}{\text{サンプルの大きさ}}$$

変形すると

$$\text{もとの母集団の分散} = \text{サンプルの平均の分散} \times \text{サンプルの大きさ}$$

となります。今は1回のサンプリングのサンプルの大きさは5です。
そこで、「サンプルの平均」の違いを表わす分散から

$$\text{もとの母集団の分散の予想} = \text{サンプルの平均の分散} \times \text{サンプルの大きさ}$$
$$= 4 \times 5$$
$$= 20$$

同じ母集団の分散を、[1]では2だと、[2]では20だという予想です。[1]を基準にして、[2]は何倍になっているかという数字を計算して、F値と名づけます。

$$F = \frac{[2]\text{の予想}}{[1]\text{の予想}} = \frac{\text{サンプルの平均の違いから}\cdots}{\text{サンプルの分散から}\cdots}$$

$$= \frac{20}{2} = 10$$

F値は、分母が同じなら、サンプルの平均の違いがアンバランスになればなるほど、大きくなります。F値をp値になおすため、数値表を見ます。

自由度1［分子］

	1	2
1	161	200
2	18.5	19.0
3	10.1	9.55
4	7.71	6.94
5	6.61	5.79
6	5.99	5.14
7	5.59	4.74
8	5.32	4.46
9	5.12	4.26
10	4.96	4.10
11	4.84	3.98
12	4.75	3.89

自由度2［分母］

自由度は、F値の式の分子と分母を別々に考えます。

　自由度1［分子］＝サンプルの平均のデータ数－1
　　　　　　　　＝3－1＝2
　自由度2［分母］＝（サンプルの大きさ－1）×グループ数
　　　　　　　　＝（5－1）×3＝12

これを自由度1／自由度2＝2／12と、記号／を使って書きます。分子／分母の並び方で、どちらの自由度かがわかります。表から$F=3.89$のとき、$p=0.05$とわかります。今はそれより大きい$F=10$なので、pは5％より小さいとわかります。「差はない」という前提をやめ、「差がある」とします。先生という条件を変えると、結果に影響すると結論します。

アドバイス!!

分散分析では、どの先生とどの先生に違いがあるかはわかりません。全体の分散で見ていますので、「先生が変われば結果は変わる」ということだけわかります。$F=10$、自由度1／自由度2＝2／12のとき$p=0.00278\cdots$です。

一元配置の分散分析

二元配置の分散分析

にげんはいちの
ぶんさんぶんせき

超上級者用

同じようなグループに人々を分けて、2種類の条件の内容の組み合わせを変えて、何かをさせる。変える条件が2種類なので、「二元配置」という。
次のことがわかる。
①条件Aを変えると結果が変わるのか？
　（変われば、Aの主効果ありという）
②条件Bを変えると結果が変わるのか？
　（変われば、Bの主効果ありという）
③条件Aと条件Bの組み合わせ効果があるか？
　（あれば、交互作用ありという）

例題1

子どもたちの成績は、先生によって変わるのか調べようと思った。ついでに、午前中に教えてもらうのと、午後に教えてもらうのでは、違うのかも知りたいと思った。さらに、「A先生は午前に調子がいい！」などという条件の組み合わせ効果も気になった。
そこで合計18人の子どもたちを、同じような学力で3人ずつ、6つのグループに分けて実験した。グループごとにA先生、B先生、C先生という先生の条件と、午前と午後という時間帯の条件を変えた。そして、授業のあとで10点満点のテストをした。結果を分析しなさい。

	A先生	B先生	C先生
午前	分散1 3 4 5	分散1 6 7 8	分散1 3 4 5
午後	分散1 2 3 4	分散1 3 4 5	分散1 1 2 3

「A先生に午前」教えてもらったグループ

条件の組み合わせをいろいろ変えて3人ずつを教えた後の10点満点のテスト結果

答 母集団の分散をいろんな方法で予想しましょう。

[1] もっとも信頼性の高い「母集団の分散」の予想

条件が同じ、グループごとの分散は「母集団の分散」の精度のよい予想です。それらをさらに平均すれば、もっとも信頼性の高い「母集団の分散」の予想になります。

$$母集団の分散 = \frac{1+1+1+1+1+1}{6} = 1$$ ← もっとも正確!

[2] 先生別の平均の違いからの「母集団の分散」の予想

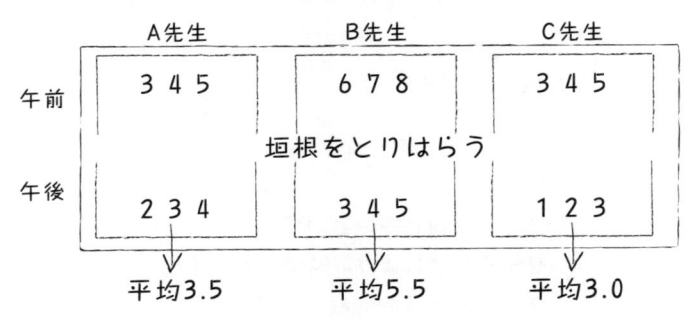

	A先生	B先生	C先生
午前	3 4 5	6 7 8	3 4 5
午後	2 3 4	3 4 5	1 2 3
	↓ 平均3.5	↓ 平均5.5	↓ 平均3.0

垣根をとりはらう

先生だけに注目して、午前と午後という時間帯の垣根を取ってしまいましょう。

二元配置の分散分析

先生ごとの平均は、A先生が3.5、B先生が5.5、C先生が3.0なので、この違いを分散で計算します。この3つの平均の平均は、4.0ですから、

$$\text{先生別の平均の分散} = \frac{(3.5-4.0)^2+(5.5-4.0)^2+(3.0-4.0)^2}{3-1}$$
$$= \frac{(-0.5)^2+1.5^2+(-1.0)^2}{2} = \frac{3.5}{2} = 1.75$$

サンプルの平均の分散にサンプルの大きさをかければ、「母集団の分散」になるというのが、中心極限定理ですから、

$$\text{母集団の分散} = (\text{先生別の平均の分散}) \times (\text{各先生の担当人数})$$
$$= 1.75 \times 6 = 10.5$$

これで、「先生別の平均の違い」から予想した「母集団の分散」が、10.5とわかりました。

[3] 時間帯別の平均の違いからの「母集団の分散」の予想

	A先生	B先生	C先生	
午前	3 4 5	6 7 8	3 4 5	⇒ 平均5
午後	2 3 4	3 4 5	1 2 3	⇒ 平均3

今度は、午前と午後という時間帯にだけに注目して、先生の違いを無視しましょう。時間帯別の平均は、午前が5で、午後は3です。5と3の分散を計算しましょう。

$$\text{時間帯別の平均の分散} = \frac{(5-4)^2+(3-4)^2}{2-1} = \frac{1^2+(-1)^2}{1} = 2$$

ここで中心極限定理から、サンプルの大きさが9なので、サンプルの平均の分散2を9倍すれば、「母集団の分散」です。

母集団の分散 ＝（時間帯別の平均の分散）×（各時間帯の人数）
　　　　　　＝ 2 × 9 ＝ 18

これで、「時間帯別の平均の違い」から予想した「母集団の分散」が、18とわかりました。

[4] 先生と時間帯という2つの条件をからめた「母集団の分散」の予想

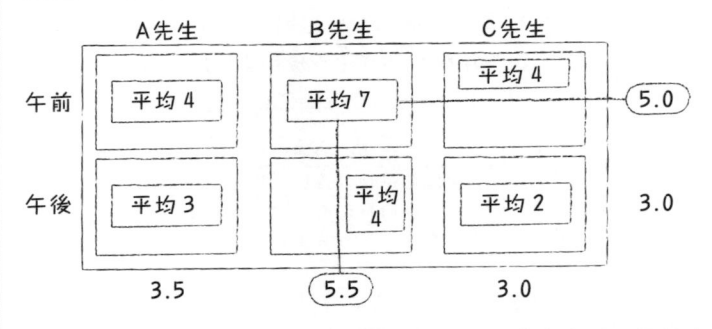

	A先生	B先生	C先生	
午前	平均4	平均7	平均4	5.0
午後	平均3	平均4	平均2	3.0
	3.5	5.5	3.0	

1つのグループについての全体的な平均は、「先生別の平均」と「時間帯別の平均」の2つがあります。この2つの平均の両方を使って、次のような計算をします。「B先生が午前に教えたグループ」を例にして、考えてみましょう。

(B先生午前の平均－B先生全平均) × (B先生午前の平均－午前の全平均)
　(　7　－　5.5　) × (　7　－　5.0　)

同じ計算を全グループでして合計を自由度で割り平均します。

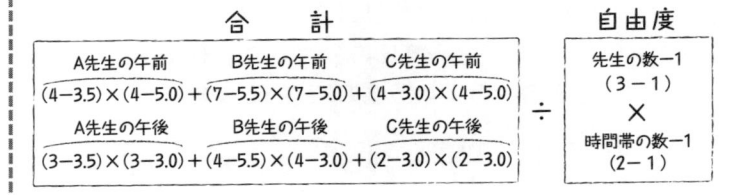

合計

A先生の午前	B先生の午前	C先生の午前
(4－3.5)×(4－5.0) ＋	(7－5.5)×(7－5.0) ＋	(4－3.0)×(4－5.0)
A先生の午後	B先生の午後	C先生の午後
(3－3.5)×(3－3.0) ＋	(4－5.5)×(4－3.0) ＋	(2－3.0)×(2－3.0)

÷

自由度
先生の数－1
(3－1)
×
時間帯の数－1
(2－1)

二元配置の分散分析

この結果は、2つの条件をからめながら予想した「サンプルの平均の分散」になります。実際に計算すると1.0÷2=0.5になります。各サンプルの大きさは3ですから、中心極限定理より、3倍すれば、2つの条件をからめた「母集団の分散」の予想になります。この計算は、実は共分散の計算と同じなので、この結果は、2つの条件の間の「相関」をからめた「母集団の分散」の予想です。

$$母集団の分散 = 0.5 \times 3 = 1.5$$

[5] 予想結果の比較
みんな同じ母集団からという前提で、同じ「母集団の分散」を、いろんなやり方で予想しました。まとめてみましょう。

		予想	自由度
[1]	もっとも信頼性の高い予想	1.0	12
[2]	先生別の平均の違いからの予想	10.5	2
[3]	時間帯別の平均の違いからの予想	18.0	1
[4]	2つの条件をからめた予想	1.5	2

自由度は、計算の中で「合計」を何で割ったかで見ます。
[1] 各グループの分散を出すときに、それぞれ2で割っています。それが6グループあり、2×6=12。
[2] 先生別の分散を出すときに、先生の数ー1＝2で割ったので、自由度は2。
[3] 時間帯別の分散を出すときに、時間帯の数ー1＝1で割ったので、自由度は1。
[4] (先生の数ー1)×(時間帯の数ー1)＝2。

①先生によって成績は変わるか？
[2]での「母集団の分散」の予想10.5と、[1]での「母集団の分散」の予想1.0とを比べます。

$$F = \frac{10.5}{1.0} = 10.5 \quad 自由度1／自由度2 = 2／12$$

巻末の数値表から $F=3.89$ のとき5％なので、p値は5％以下です。つまり「母集団の分散」を「先生別の平均」の違いから予想すると、その影響があまりに大きすぎるのです。そこで「同じ」をやめて、「先生によって変わる」と結論します。

②時間帯によって成績は変わるか？
同じように［3］の予想18.0と、［1］の予想1.0とを比べて、時間帯の影響を調べます。

$$F = \frac{18.0}{1.0} = 18.0 \quad 自由度1／自由度2＝1／12$$

数値表から、$F=4.75$のとき5％なので、p値は5％以下です。つまり、「時間帯によって変わる」と結論します。

③条件の組み合わせ効果はあるか？
最後は、［4］の予想結果1.5と、［1］の結果1.0の比較です。

$$F = \frac{1.5}{1} = 1.5 \quad 自由度1／自由度2＝2／12$$

この場合は、$F=1.5$で、$F=3.89$のとき5％ですから、p値は5％以下にはなりません。組み合わせ効果はなさそうです。

アドバイス!!

同じ「母集団の分散」の予想なのに、結果が違ってくるのは、予想方法に問題があります。例題の結果をまとめると、「先生の主効果あり」「時間帯の主効果あり」「交互作用なし」となります。

F検定 えふけんてい

超上級者用

2つの分散が、同じかどうかを判定。2つをそれぞれ分子と分母にした数字をつくり、F値と名づける。分散は2乗で計算した結果なのでマイナスにならない。そこでF値もマイナスにはならない。

$$F \cdots \frac{サンプルAの分散}{サンプルBの分散}$$

☆ 分子の自由度＝サンプルAの大きさ－1
分母の自由度＝サンプルBの大きさ－1

F値… 大きい数字になるなら違い度 大
1に近いと2つは似ている
0に近い数字になっても違い度 大

例題1 2つの分散を比べて、同じと考えられるか調べなさい。

	分　散	サンプルの大きさ
サンプルA	3	7
サンプルB	21	5

答 まず、「2つの分散は同じ」という前提にたちます。違いをF値で表わしてから、p値に直します。「p値が5％以下」になれば、「2つの分散は同じ」をやめて、「2つの分散は違う」と結論します。

F値は、2つの分散のどちらを分子にするかで、2種類あります。
$F = \frac{3}{21} = \frac{1}{7}$ と $F = \frac{21}{3} = 7$ です。

どちらも、「一方がもう一方の7倍になっている」という状態です。p値は、現在の結果よりもめずらしいケースが起きる確率をすべて合計したものです。そこで、「2つの分散は同じ」という前提で、2つの分散の差が現在の状態よりも、さらに大きくなる、「F値が$\frac{1}{7}$より小さくなるとき」と「F値が7より大きくなるとき」のケースの確率をすべて合計したものがp値です。

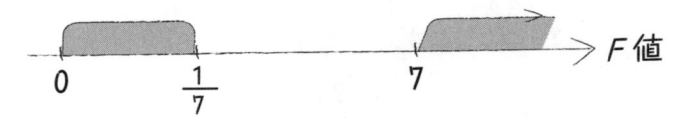

よく考えてみると、この2つの部分は、同じ状態を考えています。たとえば、F値が10と、F値が$\frac{1}{10}$では、どちらも「2つの分散が10倍違う」場合です。この関係はどんなF値でも同じで、分母と分子を反対にしたF値がペアになります。

そこで「$F=\frac{1}{7}$より小さくなるとき」の合計確率と、「$F=7$より大きくなるとき」の合計確率は、同じにならないとおかしいのです。

実は数値表は、「F値が1より大きい場合」だけについて書いてあります。F値をつくるときでいうと、「分子に大きいほう」をもってきた場合です。「F値が1より大きい場合」と「F値が1より小さい場合」の合計確率は、まったく同じだからです。

例題でいうと、数値表は「7より大きくなるとき」の合計確率についてだけを問題にします。そこで、p値が5％ちょうどになるF値を探そうとすると、「2.5％の数値表」を見なければなりません。F値がその数字になるとき、「F値が1より大きい場合」だけの合計確率が、2.5％になるというわけです。このとき「F値が1より小さい場合」のほうの合計確率も2.5％あるので、両方を合計すると、ちょうど5％になるのです。つまり「2.5％の数値表」で見つけたF値のときに、p値はちょうど5％になります。

「分散が同じか違うか」の検定する場合のやり方をまとめましょう。
（1） F値をつくるときは、分子に大きい数字をもってくる
（2） 有意水準5％の半分の「2.5％の数値表」をみる
（3） 自由度を見ながら、F値を見つける
（4） そのF値こそ、全体としてのp値＝5％になるF値

例題でやってみましょう。サンプルAの分散が3で、サンプルBの分散が21です。21のほうが大きいので、21を分子にしてF値をつくります。

$$F = \frac{21}{3} = 7$$

分子にした分散21の「サンプルの大きさ」は5なので、
自由度1（分子）＝5－1＝4
分母にした分散3の「サンプルの大きさ」は7なので、
自由度2（分母）＝7－1＝6
となります。この自由度を使って、「2.5％の数値表」のF値を見ます。

2.5％のF値の数値表　　　自由度1［分子］

自由度2［分母］	1	2	3	4
1	648	800	864	900
2	38.5	39.0	39.2	39.2
3	17.4	16.0	15.4	15.1
4	12.2	10.6	9.98	9.60
5	10.0	8.43	7.76	7.39
6	8.81	7.26	6.60	6.23

ちょうど、合計確率が2.5％になるF値は、F＝6.23だとわかります。このとき、全体としてのp値はちょうど5％です。
例題のF値は7ですから、6.23より大きいので、p値は5％以下だとわかります。
そこで「2つの分散は同じ」という前提をやめて、「2つの分散は違う」と結論します。

例題2 F検定は、「独立したサンプルの t 検定」や「分散分析」で使われます。どのような使われ方をするのか説明しなさい。

答

「独立したサンプルの t 検定」の場合

「独立したサンプルの t 検定」で、2つのサンプルの分散があまりに違うと、同じ母集団からのサンプルであるという前提をたてるのに気がひけます。そこで、2つのサンプルの分散は、同じだというお墨付きを F 検定でもらって、2つのサンプルが同じ母集団からと考えてよいと納得したいのです。その上で、2つのサンプルの平均を比べることに進みたいわけです。

F 検定は、「2つの分散は同じ」という前提でスタートします。そこで、もし「p 値が5％以下」になってしまうと、「2つの分散は違う」となり、2つのサンプルが同じ母集団からのものだという前提で話を進められなくなります。

検定はたいてい、結果が「p値が5％以下」になれば喜びます。ところが、この場合の F 検定は、「p値が5％以下」にならないほうが、うれしい結果です。

「分散分析」の場合

分散分析では、同じ母集団の分散を予想して、2つを分母と分子にして比べました。そこで知らない間に、F 検定をしていたのです。分散分析では、分母にくるものがいつも決まっていて、「もっとも精度のよい分散」でした。そして、分子にいろいろな方法で予想した分散をもってきて、大きすぎるか判定しました。つまり、F 検定でいうと、「Fが1より大きい場合」だけを考えて、その場合の合計確率を考えていたのです。「Fが1より小さい場合」というのは、たとえば先生別の平均がとても似すぎているという場合になります。小さいほうは、それはそれでよいことなのです。

分散分析がとてもよく使われるので、数値表は、「Fが1より大きい場合」だけが書いてあったのです。

アドバイス!!

「分散が同じか違うか」の検定なら、「F値が1より大きい場合」と「F値が1より小さい場合」の両方を考えるので、「2.5％の数値表」を使います。ところが、分散分析の場合は、「F値が1より大きい場合」だけを考えるので、「5.0％の数値表」です。数値表は、ポピュラーな「分散分析」がやりやすいように、つくられています。

第5章

パソコンでやってみよう!

基本的な計算 きほんてきなけいさん

基本的な統計の計算をするパソコン（エクセル）の命令。
=average（平均を計算したいデータ）
=var（分散を計算したいデータ）
=stdev（標準偏差を計算したいデータ）
=correl（相関のデータA，相関のデータB）

例題1 平均を計算しなさい。 61 57 62

答

① エクセルの画面で、平均の答えを出したい位置をクリック

② 半角入力で
　=average(と入れる
　　　　　　　　　　　=average(

③ コンマで区切りながら、
　61,57,62 と入れる
　　　　　　　　　　　=average(61,57,62

④ かっこ) を入れて、
　エンター ENTER
　　　　　　　　　　　=average(61,57,62) ENTER

⑤ その位置に平均60が出る
　　　　　　　　　　　60

第5章　パソコンでやってみよう！

例題2　分散を計算しなさい。　61　57　62

答

① 分散を出したい位置をクリックし、=var(と入れる

=var(

② 61,57,62 と入れる

=var(61,57,62

③ かっこ ）と ENTER

| =var(61,57,62) | ENTER |

④ その位置に分散7が出る

7

☆ここで計算される分散は、「データの数－1」で割り算した母集団の分散の予想です。「データの数」で割り算した分散を出したいときは、「var」のあとに「p」をつけて、=varp(61, 57, 62) とすれば出ます。

☆データをあらかじめエクセルの画面に入力しておいて、マウスで囲むというやり方もあります。

① 分散を出したい位置をクリックし、=var(と入れる

=var(

② 61、57、62が表示されている範囲をボタンを押しながらなぞる

61
57
62

③ そのままにして、キーボードから、かっこ ）と ENTER

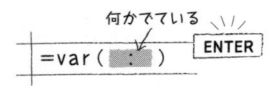

何かでている
=var(:) ENTER

基本的な計算

例題3 標準偏差を計算しなさい。　61　57　62

答

① 標準偏差を出したい位置をクリックし、`=stdev(` と入れる

`=stdev(`

② `61, 57, 62` と入れるか、データの表示されている範囲をマウスでドラッグする

`=stdev(61,57,62`

③ かっこ `)` と ENTER

`=stdev(61,57,62)` ENTER

☆これも「データの数−1」で割ったほうが計算されます。
　「データの数」で割りたいときは、「p」をつけて `=stdevp(` とします。
　（pをつける）

☆平方根（ルート）は、`=sqrt( 平方したい数 )` で出ます。
　すでに分散が出ていたら、この命令を使って平方しても標準偏差を出せます。

例題4 身長と体重の間の相関係数を計算しなさい。

名前	身長	体重
A	170	60
B	150	30
C	160	90

← このようにエクセルにあらかじめ打ち込まれているとします

答

① 相関係数の答えを出したい位置を
クリックし、`=correl(` と入れる

`=correl(`

② 身長のデータ170、150、160の
範囲をマウスでドラッグする

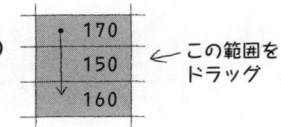

170
150
160

← この範囲をドラッグ

③ コンマ `,` を入れる

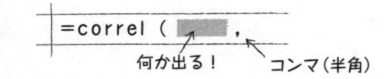

`=correl(■,`

何か出る！　コンマ（半角）

④ 体重のデータ60、30、90の
範囲をマウスでドラッグする

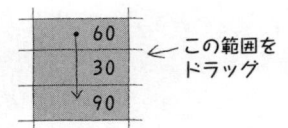

60
30
90

← この範囲をドラッグ

⑤ そのままかっこ `)` と ENTER

`=correl(■,■)` ENTER

☆相関係数は母集団の予想の場合も、サンプルだけを考える場合も、同じ計算内容です。そこでエクセルの命令は、どちらの場合も同じです。

アドバイス!!

	母集団	サンプル	
平　均	average	average	← 同じ
分　散	var	varp	
標準偏差	stdev	stdevp	
相　関	correl	correl	← 同じ

基本的な計算

p 値の計算 ぴぃーちのけいさん

仮説検定のカイ2乗値、t値、F値を、直接 p 値に直すパソコン（エクセル）の命令。

カイ2乗値 → p値
=chidist（カイ2乗値，自由度）

t値 → p値
=tdist（t値，自由度，いつも2）

分散分析のF値 → p値
=fdist（F値，自由度1，自由度2）

例題1 パソコンで p 値を出す方法と、数値表との関係を説明しなさい。

答 パソコンがない時代、カイ2乗値、t値、F値などから、p 値を想像するために、5％ぴったりになるときだけ計算して表にしたのが検定で使う数値表です。今ではどんな数字からでも、p 値を直接計算できます。

（パソコンなし）

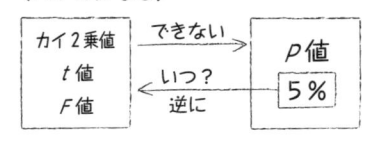

| カイ2乗値 t値 F値 | できない いつ？ 逆に | p値 5％ |

（パソコンあり）

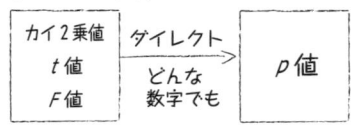

| カイ2乗値 t値 F値 | ダイレクト どんな数字でも | p値 |

本当はコレがしたかった!!

例題2 カイ2乗値=20、自由度=3のときのp値はいくらか？

答

① エクセルの画面で、p値を出したい位置をクリック

② 半角入力で =chidist(と入れる

`=chidist(`

③ カイ2乗値 20 を入れる

`=chidist(20`

④ コンマ , で区切る

`=chidist(20,`

⑤ 自由度 3 を入れる

`=chidist(20,3`

⑥ かっこを) と ENTER

`=chidist(20,3)` ENTER

⑦ その位置に、カイ2乗値=20、自由度=3のときのp値が小数で出る。パーセントなら100倍して考える。

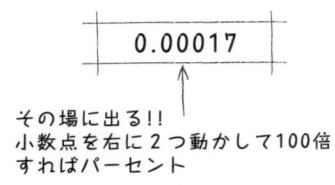

`0.00017`

その場に出る!!
小数点を右に2つ動かして100倍すればパーセント

0.00017 → 0.017%

こたえ. p = 0.00017
パーセントでは 0.017%

p値の計算

例題3 t値=5.77、自由度=2のときのp値はいくらか？

答

① p値を出したい位置をクリックし、`=tdist(` と入れる

`=tdist(`

② t値 **5.77** を入れる

`=tdist(5.77`

③ コンマ **,** で区切る

`=tdist(5.77,`

④ 自由度 **2** を入れる

`=tdist(5.77,2`

⑤ コンマ **,** で区切る

`=tdist(5.77,2,`

⑥ いつも **2** を入れる

`=tdist(5.77,2,2`

⑦ かっこ **)** と [ENTER]

`=tdist(5.77,2,2)` [ENTER]

⑧ p値がその位置に出る

0.028748

↑
100倍すればパーセント

0.02,8748

2.8748%

こたえ．p=0.028748…
パーセントでは 2.8748%

例題4 分散分析でF値=10、自由度1（分子）=2、自由度2（分母）=12のときのp値はいくらか？

答

① p値を出したい位置をクリックし、`=fdist(` と入れる

`=fdist(`

② F値 **10** を入れる

`=fdist(10`

③ コンマ **,** で区切る

`=fdist(10,`

④ 自由度1（分子）の **2** を入れる

`=fdist(10,2`

⑤ コンマ **,** で区切る

`=fdist(10,2,`

⑥ 自由度2（分母）の **12** を入れる

`=fdist(10,2,12`

⑦ かっこ **)** と ENTER

`=fdist(10,2,12)` ENTER

⑧ p値がその位置に出る

`0.002781`

こたえ. F=10、自由度1／自由度2＝2／12のとき、p＝0.002781

アドバイス!!

カイ2乗値	chidist
t値	tdist
F値	fdist

検定の名前にdistをつけると覚えましょう！
chiはカイと読みます

　p値が直接計算できるようになってはじめて、結果→ t値→ p値などという仮説検定の本来の流れが可能となりました。数値表は、やむを得ない方法だったのです。

付録　数値表

p値がちょうど5％になるのは、いつなのかが書いてあります。
数値は、森口繁一編『新編日科技連数値表』（日科技連出版社）を使っています。

（カイ2乗値の表）
p値＝5％になるカイ2乗値

自由度	カイ2乗値
1	3.84
2	5.99
3	7.81
4	9.49
5	11.07
6	12.59
7	14.07
8	15.51
9	16.92
10	18.31
11	19.68
12	21.0
13	22.4
14	23.7
15	25.0
16	26.3
17	27.6
18	28.9
19	30.1
20	31.4
21	32.7
22	33.9
23	35.2
24	36.4
25	37.7
26	38.9
27	40.1
28	41.3
29	42.6
30	43.8
40	55.8
50	67.5
60	79.1
70	90.5
80	101.9
90	113.1
100	124.3

（t値の表）
p値＝5％になるt値

自由度	t値
1	12.706
2	4.303
3	3.182
4	2.776
5	2.571
6	2.447
7	2.365
8	2.306
9	2.262
10	2.228
11	2.201
12	2.179
13	2.160
14	2.145
15	2.131
16	2.120
17	2.110
18	2.101
19	2.093
20	2.086
21	2.080
22	2.074
23	2.069
24	2.064
25	2.060
26	2.056
27	2.052
28	2.048
29	2.045
30	2.042
40	2.021
60	2.000
120	1.980
∞	1.960

（F 値の表）

p 値＝5％になる F 値
自由度＝自由度1／自由度2　と斜めの斜線で分数のように区切ります。
自由度1（分子）をヨコに、自由度2（分母）をタテに見ます。

→ 自由度1 ［分子］

自由度2 ［分母］ ↓

	1	2	3	4	5
1	161	200	216	225	230
2	18.5	19.0	19.2	19.2	19.3
3	10.1	9.55	9.28	9.12	9.01
4	7.71	6.94	6.59	6.39	6.26
5	6.61	5.79	5.41	5.19	5.05
6	5.99	5.14	4.76	4.53	4.39
7	5.59	4.74	4.35	4.12	3.97
8	5.32	4.46	4.07	3.84	3.69
9	5.12	4.26	3.86	3.63	3.48
10	4.96	4.10	3.71	3.48	3.33
11	4.84	3.98	3.59	3.36	3.20
12	4.75	3.89	3.49	3.26	3.11
13	4.67	3.81	3.41	3.18	3.03
14	4.60	3.74	3.34	3.11	2.96
15	4.54	3.68	3.29	3.06	2.90
16	4.49	3.63	3.24	3.01	2.85
17	4.45	3.59	3.20	2.96	2.81
18	4.41	3.55	3.16	2.93	2.77
19	4.38	3.52	3.13	2.90	2.74
20	4.35	3.49	3.10	2.87	2.71
21	4.32	3.47	3.07	2.84	2.68
22	4.30	3.44	3.05	2.82	2.66
23	4.28	3.42	3.03	2.80	2.64
24	4.26	3.40	3.01	2.78	2.62
25	4.24	3.39	2.99	2.76	2.60
26	4.23	3.37	2.98	2.74	2.59
27	4.21	3.35	2.96	2.73	2.57
28	4.20	3.34	2.95	2.71	2.56
29	4.18	3.33	2.93	2.70	2.55
30	4.17	3.32	2.92	2.69	2.53
40	4.08	3.23	2.84	2.61	2.45
60	4.00	3.15	2.76	2.53	2.37
120	3.92	3.07	2.68	2.45	2.29
∞	3.84	3.00	2.60	2.37	2.21

重要用語50（五十音順さくいん）

あ行
- 一元配置の分散分析 …………………………… 88、111、113
- 1サンプルの t 検定 ……………………………… 76、110、112
- 一様分布 ………………………………………………………… 30
- F 検定 …………………………………………………………… 98
- F 値 ………………………………………… 88、92、98、111、113

か行
- 回帰直線 ………………………………………………………… 44
- カイ2乗検定 ………………………………………… 72、109、112
- カイ2乗値 …………………………………………… 72、109、112
- カウント ………………………………………………………… 24
- 仮説検定 ………………………………………………………… 66
- 共分散 …………………………………………………………… 42
- クロス集計表 …………………………………………………… 34
- 系統サンプリング ……………………………………………… 54

さ行
- 最小値 …………………………………………………………… 10
- 最大値 …………………………………………………………… 8
- 散布図 …………………………………………………………… 36
- サンプリング ………………………………… 48、52、54、56、58
- サンプル ……………………………………………………… 48、50
- サンプルの大きさ ……………………………………………… 50
- 四分位範囲 ……………………………………………………… 16
- 自由度 …………………………………………………………… 62
- 正規分布 ………………………………………………………… 32
- 相関 ……………………………………………………………… 38
- 相関係数 …………………………………………………… 40、107
- 層別サンプリング ……………………………………………… 56

た行
- 対応のあるサンプルの t 検定 …………………… 80、110、112
- 中心極限定理 …………………………………………………… 60
- t 検定 ……………………………………… 76、80、84、110、112
- t 値 ………………………………………… 76、80、84、110、112
- 独立したサンプルの t 検定 ……………………… 84、110、112

	度数 …… 24
	度数分布表 …… 24
な行	二元配置の分散分析 …… 92、111、113
	2段サンプリング …… 58
は行	範囲 …… 14
	p 値 …… 68、108、112、113
	ヒストグラム …… 26
	標準化 …… 18
	標準偏差 …… 6、106
	標本 …… 48
	分散分析 …… 88、92、111、113
	分散 …… 4、105
	平均 …… 2、104
	偏差値 …… 20
	母集団 …… 48
ま行	無作為抽出 …… 52
	メディアン …… 12
	モード …… 28
や行	有意水準 …… 70
ら行	ランダムサンプリング …… 52

第4章の各 t 検定の呼び方は、SPSS社の統計ソフトSPSSのメニューによります。
第5章の命令は、マイクロソフト社の表計算ソフトExcel（エクセル）によります。
なお、上記ソフトの商品名は、それぞれの会社の商標です。

◎著者紹介

丸山健夫（まるやま たけお）

武庫川女子大学生活環境学部情報メディア学科教授。博士（農学）。京都大学農学部卒業。米国ルイジアナ州立大学客員准教授、武庫川女子大学文学部教授などを経て現職。情報学専攻。著書に『ナイチンゲールは統計学者だった！─統計の人物と歴史の物語─』（日科技連出版社）、『「風が吹けば桶屋が儲かる」のは０.８％!?─身近なケースで学ぶ確率・統計─』（ＰＨＰ新書）、『文部省検定教科書・高等学校・数学Ⅰ，Ⅱ，Ａ，Ｂ』（共著、新興出版社啓林館）などがある。

ビギナーに役立つ
統計学のワンポイントレッスン

2008年11月28日　第1刷発行
2016年 7月11日　第8刷発行

著　者　丸　山　健　夫
発行人　田　中　　　健

発行所　株式会社　日科技連出版社
〒151-0051　東京都渋谷区千駄ヶ谷5-15-5
　　　　　DSビル
電　話　出版　03-5379-1244
　　　　営業　03-5379-1238

検印
省略

DTP　日本アートグラファー
印刷・製本　㈱シナノパブリッシングプレス

Printed in Japan

©Takeo Maruyama 2008　　　　　　　ISBN 978-4-8171-9289-9
URL　http://www.juse-p.co.jp/

本書の全部または一部を無断で複写複製(コピー)することは，著作権法上での例外を除き，禁じられています．

丸山健夫の新刊書紹介

150年前のヴィクトリア女王へのナイチンゲールの報告書がいま甦る！

ナイチンゲールは統計学者だった！
─統計の人物と歴史の物語─

丸山健夫　著

A5判／136頁

ナイチンゲールは、統計学者だった！

英国の陸軍兵士たちへの熱い想いが、彼女を統計学のプレゼンテーションの世界へと導く。
ナイチンゲールと統計学の関係をはじめ、19世紀の統計学を創った、日本と西洋の人々の物語。

主要目次

はじめに
第1章　ナイチンゲールは統計学者だった！
第2章　ニッポンの夜明け
第3章　ダーウィンのいとこは面白い！
第4章　統計界の水戸黄門はゆく
第5章　二十世紀の改革者たち
おわりに
文献

―――― 日科技連出版社 ――――

★日科技連出版社の図書案内はホームページでご覧いただけます。　URL http://www.juse-p.co.jp/

謎山トキオの
謎解き分析
―右と左の50の謎―

丸山健夫　著
A5判／174頁

　謎山トキオ教授と女子大生たちが、身近な謎解きに挑戦する物語。ドラマのシナリオ形式で、問題解決のプロセスを楽しく体感できる一冊です。「時計はなぜ右回り？」「結婚指輪はなぜ左手？」「大阪のエスカレータはなぜ右に立つ？」などなど、本書が解き明かす「右と左の謎」は、全部で50個。
誰もが一度は疑問に思ったものばかりです。ビジネスパーソンをはじめ、どなたにも読んでいただける問題解決のトレーニング本です。

主要目次

春の章　大阪のエスカレータはなぜ右に立つ？
夏の章　ゆかたはなぜ左を上に着る？
秋の章　結婚指輪はなぜ左手にする？
冬の章　横書きはなぜ左から右に書く？

―――――日科技連出版社―――――

★日科技連出版社の図書案内はホームページでご覧いただけます．　URL http://www.juse-p.co.jp/

統計学参考図書

統計的方法のしくみ ―正しく理解するための30の急所―	永田 靖 著	A5・252頁
入門統計解析法	永田 靖 著	A5・288頁
医療技術系のための統計学	北畠・磯貝・福井 著	A5・222頁
経営・経済系のための統計学	桑田 秀夫 著	A5・206頁
実験計画法 ― 方法編 ―	山田 秀 著	A5・320頁
実験計画法 ― 活用編 ―	山田 秀 編著	A5・192頁
新版 品質管理のための 統計的方法入門	鐡 健司 著	A5・310頁
分散分析法入門	石川 馨・米山高範 著	A5・242頁
入門実験計画法	永田 靖 著	A5・400頁
品質管理のための 実験計画法テキスト(改)	中里・川崎・平栗・大滝 著	A5・320頁
応用2進木解析法	大滝 厚 他著	A5・288頁
品質を獲得する技術 ―タグチメソッドがもたらしたもの―	宮川 雅巳 著	A5・304頁
実験計画法特論 ―フィッシャー，タグチ，そしてシャイニンの合理的な使い分け―	宮川 雅巳 著	A5・328頁

やさしい統計の本

統計解析のはなし(改訂版)	大村 平 著	B6・310頁
実験計画と分散分析のはなし(改訂版)	大村 平 著	B6・226頁
多変量解析のはなし(改訂版)	大村 平 著	B6・238頁

日科技連出版社

★日科技連出版社の図書案内はホームページでご覧いただけます．　URL http://www.juse-p.co.jp/